击破！舌尖上的谣言

云无心——著

ZHEJIANG UNIVERSITY PRESS
浙江大学出版社

目录

CONTENTS

Rumor

CHAPTER 1

拒绝忽悠，减肥知识我该信什么？

目录

CONTENTS

CHAPTER 2

多懂一点，做孩子的家庭医生

CONTENTS

Rumor

CHAPTER 3

宅男宅女的现代饮食指南

CONTENTS
Rumor

CHAPTER 4

朋友圈的经典谣言

目录

CONTENTS
Rumor

CHAPTER 5
告别人云亦云，这是你应了解的常识

击破！舌尖上的谣言

CHAPTER 1

拒绝忽悠，减肥知识我该信什么？

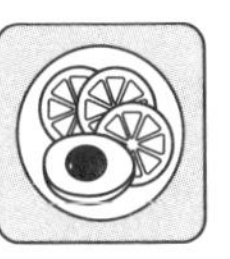

Rumor

想变瘦，左旋肉碱靠得住吗?

几年以前有过一档非常火热的节目，叫作《百科全说》。节目中一位叫作西木博士的人给大家介绍了一种神奇的减肥保健品——左旋肉碱。后来这档节目停播，这位西木博士也被人揭露出其实并没有食品和营养方面的专业背景。但是从那以后，左旋肉碱在国内非常火爆，直至今天。

科学家在发现左旋肉碱的时候，考虑到它的特点和别的维生素很相近，就把它命名为“维生素 Bt”。也就是说，维生素 Bt 和左旋肉碱是一个东西。但是后来科学家发现其实人体并不需要从食物中摄入它，所以称它是维生素就不合适了。这个“维生素 Bt”的名称因此就在科学界被禁用了。只是在产品营销中，因为称它为维生素似乎更具有吸引力，所以很多商家还继续用这个名字。

最初宣传左旋肉碱可以用于减肥，是说它可以帮忙搬运脂肪酸，后来这一说法被证实完全不靠谱，也缺乏科学依据，所以商家又翻新出了两种花样。一种是说，经过大运动量的运动之后再补充左旋肉碱，可以起到减肥的作用。但是这其实也没有科学依据，它只是一种想象，想象你经过了大量运动之后，身体处于一种急需能量的状态，以至于左旋肉碱似乎可以帮上忙。但实际上，有了大运动量，即使不吃左旋肉碱，一样可以减肥。还有一种花样翻新叫作“露卡素左旋肉碱”，是说左旋肉碱有杂质，有很多的糖和碳水化合物，所以不利于减肥，而这个“露卡素左旋肉碱”中不含有高糖碳成分，所以更利于减肥。这个“露卡素”，本身就是商家在商品营销中生造出来的一个概念。

左旋肉碱是动物体内的一种氨基酸衍生物。什么叫氨基酸衍生物呢？就是说它起源于氨基酸。我们在吃饭的时候，会吃一些蛋白质，这些蛋白质中有各种氨基酸，有一种叫赖氨酸，还有一种叫甲硫氨酸。待我们吸收到体内以后，它们经过一系列的生化反应，最后就变成了左旋肉碱。

那么左旋肉碱在体内有什么作用呢？为什么大家对它那么喜欢？

因为我们的脂肪要燃烧，需要把脂肪酸搬运到细胞内一个叫作线粒体的部位。线粒体是燃烧脂肪产生热量的场所。在这个过程中，脂肪酸不会自己跑到线粒体里面，它需要一个东西把它搬运过去。左旋肉碱干的就是这个活。它的作用就是把脂肪酸搬运到线粒体中，然后进行燃烧，这就产生了热量。

因此人们就想：如果我们多给身体补充左旋肉碱，是不是就可以搬运更多的脂肪去燃烧了？这样燃烧了脂肪，也就实现了减肥。其实，左旋肉碱本身并不燃烧脂肪，它的作用是把脂肪酸搬运到燃烧的位置，它只是一个“搬运工”。这就类似于说，我们有一个发电厂，电是由发电厂发的，锅炉在发电厂里，而左旋肉碱只相当于运煤的车，它只管把煤运到发电厂，之前煤的挖掘和之后煤的燃烧它都不管。

左旋肉碱帮助减肥这件事本身就不靠谱。人体内左旋肉碱的形成有两种途径。一种是正常摄入食物，食物中有蛋白质，蛋白质被我们消化吸收以后，赖氨酸和甲硫氨酸反应，生成左旋肉碱。还有一种途径与我们日常吃的肉有关，尤其是红肉，比如牛肉、猪肉、羊肉，以及其他的比如鸡肉、鱼肉，其中也含有大量的左旋肉碱。我们吃了这些肉，就直接摄入了左旋肉碱。

能否减肥，取决于我们摄入的热量和消耗的热量，跟人具体吃哪种食物没有什么关系。虽然红肉中含有丰富的左旋肉碱，我们确实也可以通过吃肉摄入较多的左旋肉碱，但是左旋肉碱帮助减肥这件事本身就不靠谱，那么再强调通过吃肉减肥，就更不靠谱了。

母乳中天然含有左旋肉碱。婴儿出生以后，需要大量的能量来帮助他生长。在婴儿的食物中，脂肪的含量非常高，所以需要充足的左旋肉碱来帮助他搬运脂肪酸，进行燃烧。牛奶中也含有很多左旋肉碱，所以用牛奶制作的奶粉中也含有很多左旋肉碱，并不用人工添加。市场上还有一些奶粉不

CHAPTER 1

是用牛奶做的，而是用植物蛋白做的。植物蛋白中不含有左旋肉碱，所以这种情况就需要额外添加。这也就是为什么我们会看到一些婴儿奶粉的包装上会标注含有左旋肉碱。

左旋肉碱在欧洲等地的婴儿奶粉标准中是强制性的，即必须含有多少量的左旋肉碱，而在中国的标准中，它是一个可选项。早产的婴儿对它的需求量特别大，如果早产婴儿的奶粉中缺乏左旋肉碱的话，就会影响婴儿的发育。

左旋肉碱实际上是可以在我们体内自动合成的。也就是说，只要我们正常吃饭，我们的身体内就会合成足够多的左旋肉碱。正常情况下，一个吃肉的人每天可以摄入 100~200 毫克的左旋肉碱，那些严格的素食主义者只能摄入几毫克的左旋肉碱。但实际上，不管是吃素还是吃肉，没有人会缺乏左旋肉碱。这是因为身体对于左旋肉碱有一个非常强大的调节功能：一方面，只要我们正常吃饭，身体内就可以合成左旋肉碱；另一方面，如果我们从食物中摄取的量比较少，身体就会把它积累起来留在体内，如果我们从食物中摄取的量比较多，身体会拒绝吸收或让它排出体外。

在正常情况下，不管是吃肉还是吃素，不管要不要额外补充左旋肉碱，我们的体内都有 20 克左右的左旋肉碱，身体会自动让它保持在这个量上。

Rumor

解密！冰激凌不为人知的套路

炎热的夏天到来，各种消夏食品自然就火热起来，冰激凌或许是最具有吸引力的一种。但是关于吃冰激凌，有着各种各样的忠告和传说。

冰激凌，吃还是不吃？这是一个问题。

冰激凌这个词来源于英文的 ice cream，逐字翻译的话就是冰奶油。冰激凌中最重要的原料也确实是奶油，越好的冰激凌，奶油含有的脂肪就越多，有的高档冰激凌中脂肪含量高达 16%。

除了奶油，冰激凌还含有很多来自牛奶的非脂肪成分，也就是蛋白质和乳糖。理论上说，有了这些原料，就可以做出冰激凌来了。不过要想获得良好的口感和味道，还需要更多的糖。所有的这些成分与水一起，形成了冰激凌半固态的物质形态，这就可以产生细腻的质感。而现在我们吃的冰激凌中，一般还会加入少量的乳化剂、香精和色素，以进一步改善其口感、风味和外观。微观上来说，冰激凌中的脂肪被蛋白质和卵磷脂分解成了非常微小的乳滴，所以即使其中脂肪含量很高，我们也不会感到油腻。乳液经过加热，其中的细菌被杀得差不多，再把它们冷藏一段时间，然后放进冰激凌机里面搅拌，边搅拌边降温，其中的水结成冰，同时大量的空气被搅拌进来，就形成了冰凉细腻的冰激凌。

食物的营养是由它的成分决定的，以什么样的状态存在，通常影响很小。冰激凌的主要成分有奶油、牛奶和糖，它的营养价值也就相当于这些成分的总和。奶油和牛奶都是奶制品，奶制品中所有的营养成分在冰激凌里也都存在，比如优质蛋白和钙。奶制品有其受批评的地方，冰激凌也无法幸免，比如牛奶脂肪主要是饱和脂肪酸，而过多摄入饱和脂肪酸会增加患高血脂、高胆固醇的风险。现在市场上也有一些低脂冰激凌，减少了奶油的用量，饱和脂肪酸的含量比常规冰激凌要低。不过，减少了脂肪，冰激凌的口感会变差，就又需要其他的成分来补足，比如淀粉、凝胶等。当然，从减少饱和脂肪酸的角度来看，低脂冰激凌还是有好处的。糖在冰激凌中的作用不仅仅是产生甜味，还有增加黏度，从而产生丰富细腻的口感。多数冰激凌的糖含量都在 10% 以上，有的甚至超过 20%，和许多糕点差不多。糖是现代人食谱中最大的健康隐患，所以也有一些低糖冰激凌，不额外加糖，只含有来自牛奶的乳糖。

对于冰激凌，许多人担心其中的添加剂。冰激凌中可能

用到的食品添加剂一般有卵磷脂、色素和香精，还有一些增稠剂。这些食品添加剂的安全性都非常高，基本上都不会对人体有害。增稠剂通常是膳食纤维，对于多数人来说，是应该增加摄入的食品成分。

关于冰激凌，有过一个广泛流传的传说，即融化的冰激凌“有毒”，或者说“有细菌滋生”。其实冷冻与融化都不会产生有毒物质，常见的冰激凌局部融化情况，其温度也不可能降到让细菌滋生的程度。融化的冰激凌再冻回去，无法恢复到应有的口感，所以不再是合格的产品。融化会影响口感，但并不会产生安全方面的问题。

很多人纠结于吃冰激凌会不会长胖。冰激凌的确是高热量的食品，一个甜筒冰激凌一般含有 250 大卡的热量，而一罐 355 毫升的可乐，热量是 150 大卡。从热量的角度看，一个甜筒相当于 1.7 罐可乐。不过可乐中只有糖，而冰激凌中还有蛋白质和钙等有价值的营养成分。单纯比较热量的话，对冰激凌不太公平。

还有人担心吃冰激凌会不会上瘾。从生理学的角度来说，冰激凌中没有任何能让人上瘾的成分。不过，人是比较善于放纵自己的动物，嘴馋是最大的上瘾原因。

因为冰激凌的温度很低，也就有了许多关于吃冰激凌的禁忌，比如会导致宫寒，女性在生理期间不能吃、怀孕期间不能吃、月子期间不能吃，等等。其实，吃冰激凌就像吃辣椒，有的人越吃越舒服，有的人吃一点儿就感到不适。对普通人如此，对各种处于特定生理状态中的女性也是如此。如果你吃了没有觉得不舒服，那么就可以吃；如果你吃了觉得不适，那么就不能吃。吃了舒服的人，不能因此就觉得别人吃了也没有问题；吃了觉得不适的人，也不应该因此就觉得别人都不能吃。至于宫寒，它本身就不是一个规范的医学概念，“吃冰激凌导致宫寒”这一说法也就更加无从谈起。

CHAPTER 1

Rumor

减肥月饼！胖三斤还是掉三斤？

每年的中秋节都会掀起“月饼大战”，从拼品牌到拼口味，从拼形状到拼包装。买的人不吃，吃的人不买，越来越成为常态。

近几年来，还出现了许多宣称有保健功能的“功能月饼”“保健月饼”。人们常说保健食品、健康食品，但是健康食品本身并没有一个法定或者科学的定义。因为人体所需要的营养成分是复杂多样的，而任何食品都不可能单独满足所有需求。通常人们把满足人体需求多、带来的不利影响小的食品称为健康食品，比如蔬菜，能够提供很多维生素、矿物质、纤维素、抗氧化剂等现代人容易缺乏的营养成分，而其所含的糖、脂肪等人们容易过量的成分又比较少。

而所谓的“垃圾食品”，比如各种洋快餐，其含有的精制碳水化合物、脂肪、盐等现代人容易过剩的营养成分多，而那些现代人容易缺乏的微量营养成分又比较欠缺，如果长期以这些快餐为主要食物，就可能造成人体热量过多而营养失衡。

按照这样的标准来衡量，月饼实在是一种不健康食品。与洋快餐相比，它的含糖量甚至更高。由于面食本身的口感并不好，要做出酥软、好吃的月饼来，就需要加入大量的油。糖、油、精面粉，是月饼的基本成分，要想月饼好吃，就没有办法绕过它们。市场上的很多月饼，含糖量在 30%~50%，而油的含量往往超过 20%。

通常月饼馅也含有很多糖和油。从营养角度来看，月饼是典型的不健康食品。

有了这样的评价标准，我们再去看那些“功能月饼”，你就会发现，名称其实只是营销噱头，它们所谓的健康价值约等于零。市场上出现的各种“健康月饼”“功能月饼”，往往是加了一些所谓的“功能成分”，只是挂着功能成分的“羊头”，馅的味道、口感，还是需要那些不健康的成分来保证。首先，不管“功能月饼”加入了什么保健成分，都无法改变月饼热量高、营养成分单一的特征。食品中的营养成分绝大多数情况下是简单叠加的，在一大堆不健康的原料中，加入了一点点健康的成分，并不能改变那堆不健康原料的价值；而且，加入的那些营养成分、保健成分，并没有多大的意义，比如“功能月饼”中有一类是加螺旋藻。虽然螺旋藻含有较多蛋白质，以及某些维生素和矿物质等人体需要的成分，但是它本身并不具有任何神奇的功效。

它最初只是人们用于充饥的野菜。那些所谓的有益成分，普通食物中也含有，人体对它们的需要是长期且大量的。卖螺旋藻的商人们津津乐道于螺旋藻干粉中的蛋白质含量有多高，但人体每天需要几十克蛋白质，一个月饼里加的那一点点仅仅是具有象征意义。美国食品药品监督管理局（FDA，Food and Drug Administration）和美国癌症研究协会都认为，考虑到螺旋藻的实际食用量，它并不是一种好的蛋白质来源；其他的有益成分，也大概如此。如果把螺旋藻当作萝卜、白菜一样经常大量食用，它倒是一种挺好的野菜，但只是作为保健品食用，其营养价值完全可以忽略，更不用说月饼里加的那一点点了。“功能月饼”中其他的功效成分比如果干、蛋黄、花瓣、水果、粗粮、抹茶粉等，也都跟这一情况差不多。

那么月饼还能不能吃？答案是，当然能吃。中秋节是中国重要的传统节日之一，吃月饼是这一节日中最具有代表性的活动，其文化意义是巨大的。月饼只是一种文化食品，它对健康是好是坏，其实并没有关系。不管是健康食品，还是“垃圾食品”，对健康的影响都需要在长期大量食用的情况下才能体现出来。月饼存在的意义，主要是满足文化传承上的需求，而并非满足人体的需要。不管它的成分有多么不健康，每年在这个特定的日子里吃上一次，对于人体其实没有什么影响。

既然保健功能和营养价值都只是商人们赚钱的噱头，健康不健康也就无关紧要了。一种月饼好不好，评价标准就只是好不好吃和好不好看——好吃是为了自己，好看是为了别人。

Rumor

奥利司他，作用大还是副作用大？

奥利司他（orlistat）是一种脂肪酶抑制剂。脂肪是高热量成分，控制脂肪摄入是重要的减肥手段。食物中的脂肪到了肠道中，必须经过消化分解才能被吸收。如果抑制了这个过程，脂肪也就不会被吸收了。脂肪酶抑制剂就是这样一类物质，可以通过抑制脂肪的消化分解来帮助减肥。

在美国，奥利司他是作为减肥药物申报的。美国食品药品监督管理局（FDA）全面审查了其安全性与有效性数据，包括多项临床试验，总共涉及几千人。其中，有 2000 多人服用奥利司他一年以上，近 900 人服用两年以上。在这些临床试验中，试验者身体的各项指标会被定期检查。与服用安慰剂的对照组相比，服药组的试验者没有出现明显的副作用。

1999 年，FDA 批准了奥利司他作为处方药，用于与低热饮食一起帮助减肥及防止减肥后反弹。这就是减肥药“赛尼可”（Xenical，规格为 120 毫克）。2007 年，FDA 又批准了另一个版本的奥利司他作为非处方药销售，用于成人的减肥，这就是“阿莱”（Alli），其有效成分跟赛尼可一样，只是规格为 60 毫克。之后，世界上大约有 100 个国家批准了将奥利司他用于减肥。

FDA 有一个不良反应报告系统，这种对上市药物的持续监控有时也被称为“四级临床”。如果发现了以前未知的毒副作用，被批准的药物就会被撤市。从 1999 年到 2008 年，FDA 总共收到了 32 例奥利司他使用者肝脏严重损伤的报告，其中 6 例肝功能衰竭。

虽然这 32 例报告中只有 2 例发生在美国，但 FDA 还是给予了充分的重视。2009 年 8 月底，FDA 发布了情况通报，把这些信息传达给公众，表示正在对奥利司他损伤肝脏的病例进行调查。不过，他们并未建议停止使用这两种药物，只是呼吁使用者注意副作用，一旦出现不良反应就及时就医并向 FDA 报告。

2010 年 5 月末，FDA 公布了调查结果。在这些病例报告中，FDA 确认了 13 例，其中 2 例病人已经死于肝功能衰竭，3 例需要肝脏移植。

但是，FDA 无法建立“奥利司他导致肝脏损伤”的因果关系。因为除了这些病人服用奥利司他之外，FDA 还注意到几点事实：第一，10 年间确认了 13 个病例，但这期间奥利司他的使用者多达 4000 万人；第二，这些病人中有一些人同时服用其他药物，其他因素也可能导致肝脏损伤；第三，没有服用药物的人，也有可能原因不明地出现肝脏损伤。

公众都希望得到一个“有害”或是“安全”的明确结论。然而，调查结果却是 FDA 无法肯定或者否定“奥利司他导致肝脏损伤”这一假设。

FDA 的决定是，既然无法做出结论，那么就把实际情况传达给公众，由个人和他的医生根据当事人的实际情况来权衡利弊，决定是否用药。具体做法是，要求厂家修改赛尼可的标签，增加一条提示信息，说明“该药的使用者中出现过零星的严重肝脏损伤病例”；而在阿莱的标签上，这一内容被标注为“警告信息”。

在发布结论的时候，FDA 还通过问答形式给出了对公众的建议。FDA 认为，消费者可以继续使用赛尼可和阿莱，但应该与医生沟通。一旦出现肝脏损伤的症状，比如瘙痒、眼睛或皮肤发黄、发烧、四肢无力、呕吐、尿黄、大便浅色或食欲不振等，就应立即停药并与医生联系。

任何药物都处在“有效”与“风险”之间的地带。而监管的作用，是把权衡的结果转化为公众易于理解的操作指南。有些时候，科学数据不能给出“是”与“非”的明确答案，监管方能做的也就是把事实告诉公众，让公众自己去选择。

CHAPTER 1

Rumor

排毒果汁，“有效”实是副作用

“排毒饮食”不是新鲜事物，世界上有许多地方在很久以前就有类似的概念：人们认为身体在不停地产生毒素，需要通过某些食物来调整并“清洗”身体，“排出”毒素。一直以来，各种“排毒法”层出不穷，从来不缺乏追随者。

果汁排毒是近年来兴起的一种方案，不同的实践者所采取的方案不尽相同，但都是在一定时间内，只喝水果蔬菜汁，不吃其他的食物。这些果汁被称为“排毒果汁”“轻断食果汁”。

许多名人为“排毒果汁”代言，而在网络营销中，食品安全监管又几乎失声，这个“钱景广阔”的市场足以用“一地鸡毛”来形容。

“排毒果汁”有效吗?

对于排毒果汁的效果，标准的科学表述是：没有证据支持它的功效。

这是因为“排毒”本身就是个伪概念，而果汁排毒所采用的配方并不能满足人体的营养需求，很难有科学家去研究这样的养生方式，自然也就没有科学证据。

那么，许多人感觉“有效”又是怎么回事呢?

首先，有的果汁中含有大量果糖，会让果糖不耐受的人出现腹泻的症状；还有一些果汁由于卫生不合格，也会导致腹泻。许多人把吃了“排毒食物”之后的身体反应都当作“排毒”，于是腹泻也就被当作“有效”的反应。

其次，也是更为普遍的是，这些果蔬汁中几乎不含有蛋白质和脂肪，热量低，不足以满足人体的正常需求。只喝“排毒果汁”，可能使人出现低血糖、肌肉酸痛、乏力、头晕眼花、恶心等症状。这本来是副作用，但很多实践者也把它们当作是“排毒”的表现。

果汁排毒不利于健康

虽然没有科学证据来证实“排毒果汁”无效，但有一些著名的医疗健康机构对“排毒餐”和“排毒果汁”做过综述，比如：

美国著名的医疗健康网站 WebMD 上有一篇《关于排毒饮食的真相》。关于其效果的部分是这么说的："如果你的目标是减肥，排毒饮食或许可以帮助你减掉几磅，但你的体重很可能反弹回去。最后，你将一无所获，而且它肯定不是一种健康的方式"；"如果你的目标是为身体排毒，那么不要浪费时间和金钱。不管你吃什么，你的身体都是一个排毒专家。毒素不会在你的肝脏、肾脏或身体的其他部位累积起来，你也不能通过最新的排毒秘方排出它们"。最后，文章的结论是"近年来我们听说了大量的排毒饮食，但都是没有健康益处的炒作。有很多方法保持身体健康和清洁，这不是其中之一"。

而哈佛医学院的文章则以"令人生疑的排毒"为题，对各种排毒法做了综合评价。在排毒饮食部分，评价是"许多研究表明，断食和极低热量摄入会导致身体努力保留能量，从而降低身体的基础代谢率。一旦减肥者恢复正常饮食，体重就会迅速增加"。

美国宾夕法尼亚州立大学农学院网站上的文章则直接针对果汁排毒，题目是"排毒背后的污垢"。他们认为果汁排毒会导致有价值的营养缺失，经常进行"果汁排毒"，会引发流感或者肌肉疼痛的症状。"推行排毒的人说这是毒素离开身体的结果，但注册营养师解释它只是简单的缺乏能量及营养的症状。"

如果是干净卫生的果汁，从食品角度来看当然是安全的，可以用以均衡食谱。但是，当只喝果汁来“排毒”时，这种方式甚至不能算安全。

WebMD的总结是：对于患有特定病症的人群，排毒饮食不仅没有好处，反而可能有害。它们不能改善血压和胆固醇，对心脏没有积极影响。对于糖尿病患者，它们可能相当危险——如果患者在服用治疗糖尿病的药物，那么任何严格限制进食的食谱都可能导致危险的低血糖。

那么，怎么“排毒”呢？

我们可以剖析出一种又一种“排毒法”是无效的，但读者总是会问“那该怎么排毒呢？”

答案是：人体本身就有完善的“排毒”系统，所谓的“排毒法”既没有用也没有必要！

人体的皮肤、呼吸系统、消化系统都是一道道防线，把许多有毒有害的物质挡住，防止它们进入体内。而免疫系统则能识别侵入体内的外来物质，并把它们消除。肝脏和肾脏则是过滤系统，把进入血液的外来物质和人体代谢产生的废物过滤掉。

要想“排毒”，要做的是让这套系统运转良好。“排毒果汁”或者其他的“排毒餐”都是会导致营养不良的食谱，无法提供人体所需要的物质和热量——身体系统都无法正常运转，如何指望这套“排毒系统”正常运行？

简而言之，全面均衡的营养、适当的热量、适度的身体活动，是让身体的“排毒系统”运转良好的保障。只要身体处于良好的营养状态，就不需要额外的食谱或者操作去“排毒”。如果身体处于病态——比如营养不良或者营养过剩，那么什么“排毒法”都无能为力。

Rumor

“轻断食”能够帮你健康减肥吗？

在过去几十万年的发展历程中，人类都是在为“吃饱”而奋斗，人体也就不需要“控制体重”的生理机制。近几十年来，科学技术与经济的发展使得大多数人不再缺衣少食，各种食物极为丰富，“吃得太多”给人类造成的困扰大大超过了“不够吃”。减肥，也就成了现代人“健康生活”中最受关注的话题之一。

“少吃多动”是减肥的根本，这个观念已经深入人心。然而，这四个字说起来容易，做起来难——在“想吃，也吃得起”的现实基础上，却要“少吃”，实在是需要顽强的毅力。所以，各种“减肥饮食”“减肥食谱”“减肥餐”层出不穷，推出这些服务的商家纷纷宣称这些产品能使人在“不饥饿”的前提下“少吃”，也就吸引了无数人前赴后继地尝试。

“轻断食”正是其中号召力极高的一种。

轻断食不是一种具体的食谱，而是一种控制饮食的概念。

跟每天都“控制热量”的“少吃”方式相比，轻断食是指在一定的时间内不吃或者少吃，而在其他的时间内正常进食。轻断食有多种形式，最流行的是“5∶2 轻断食”。它是指在一周的 7 天之中，5 天正常进食，不加控制，另外 2 天大大减少进食量；女性的热量摄入控制在 500 大卡，男性的热量摄入控制在 600 大卡。比这种方式强度更大的还有“交替轻断食”，即一天正常进食，然后一天按 25% 热量进食，以此交替循环。此外，还有在一天的“固定时段断食”的方式，比如中国古代的“过午不食”，大致相当于每天“16 小时断食”；有一些人每天只吃一顿，相当于“23 小时断食”。

轻断食的理念是：在人体大量减少进食的情况下，细胞处于“逆境状态”，于是会产生各种“应激反应”，而这些应激反应对于增强细胞活力、提高人体免疫力会有好处。在细胞实验和动物实验中，这种理论得到了很多验证——不仅对于减肥，而且对于降低甘油三酯、坏胆固醇、血压、脂肪含量、血糖等生理指标，以及延长寿命，也都有相当多的证据支持。

不过，人毕竟不是细胞，也不是简单的动物——人对于食物的获取及摄入的掌控能力和复杂程度远远不是细胞和动物所能够比拟的。轻断食对于人体健康到底有什么样的影响，高质量的研究证据还相当有限。不过，对于许多人听到轻断食时的反应——“在断食期间少吃的，会不会在正常进食期间大量进食找补回来”——研究中发现，就整体而言这种现象并不显著。也就是说，坚持轻断食的人，并没有在正常进食期间大吃大喝。

2015 年的一篇综述搜集整理了 40 项有关轻断食的研究，结论是“轻断食能够有效减肥”，一般会使人在 10 周之内减少 6 斤到 10 斤。也就是说，跟完全不加控制相比，轻断食是能够帮助减肥的。不过，如果跟“持续控制热量饮食”——即每天摄入正常饮食量的 75% 左右，总体上跟“5 ∶ 2 轻断食”摄入的热量相当——相比，轻断食并没有显示出优势。此外，也有研究比较过一日三餐和一日一餐对于减肥的影响——一日三餐相当于正常进食，一日一餐相当于“23 小时断食”，其结果是：如果控制食物的总量相同，那么两者在减肥的效果上没有明显差别。

也就是说，不管是轻断食还是“持续控制热量饮食”，如果减少摄入的热量大致相同，那么对人体的影响并没有明显的差别。是否具有优势，更重要的就在于“是否容易坚持”。实际上，很多关于通过调整饮食方式来减肥的研究，会因“中途退出人数过多”而使得研究结果的价值大受影响。中途退出意味着试验者无法坚持这种饮食方式，而坚持到最后的人需要具备顽强的意志，这相当于试验人群已经不是“随机”的了。有的轻断食研究中，中途退出的比例高达 65%。总体上看，“交替轻断食”组的中途退出率高达 38%，而“持续控制热量饮食”组的中途退出率是 29%。而且，研究者还发现，轻断食组的试验者在正常进食的日子里，吃的比设定的量要少，但在断食的日子里，吃的却比设定的量要多。这大概意味着，持续每天适量减少热量的摄入，还是要比轻断食更容易坚持一些。

或许，跟持续每天控制食物摄入量相比，轻断食更有仪式感一些。每天都少吃一些，是一种平淡的生活方式；而轻断食，尽管本身不见得有更好的效果，但相当于一个“宣言”或者“行动”，能给自己强烈的“我在减肥”或者“我在养生”的暗示。尤其是在这个社交媒体高度发达的年代，在朋友圈里“晒一晒”自己在进行轻断食，就跟在朋友圈里晒步数一样，能够借助朋友圈里的反馈支持自己坚持下去。

跟不加控制的饮食方式相比，轻断食对于减肥和健康是有积极作用的。实质上，它也是减肥金律“少吃多动”的一种实现形式。如果通过它的仪式感和心理暗示，能更好地坚持，那么它就有意义；反之，如果不能在根本上做到“总体上减少食物摄入”，而只是应付考试般地“断食时少吃，不断食时暴饮暴食作为补偿”，那么就没有意义了。

最后需要提醒的是，各种研究中轻断食的持续时间都不算长。经过一段时间的坚持减掉了体重、改善了身体指标，恢复常规饮食方式之后体重是否会反弹？如果长期坚持，是否会改变身体的代谢状态，对健康到底有什么样的影响？如果一个人坚持轻断食，对于家庭中的其他成员尤其是孩子，会有什么样的影响？迄今为止的科学证据，还无法回答这些问题。

对家庭成员的影响之所以成为问题，是因为轻断食并不适合每个人。比如，孩子正处在生长发育阶段，不应该进行轻断食，而父母进行轻断食可能对他们的饮食习惯产生影响。轻断食会导致血糖指标的大幅波动，所以也不适合糖尿病患者。此外，孕妇、产妇需要保证营养充足，也不应该进行轻断食。

这些减肥食谱到底靠不靠谱?

现代社会，多数人已经不再为“吃饱”而奔波，相反，“吃得太多”才是问题。肥胖或许是现代人面临的最大的健康问题，减肥于是成了健康领域最受关注的话题。

各种减肥方法层出不穷，让人眼花缭乱。除了运动、手术等减肥路径，饮食控制亦是减肥的重要方式之一。形形色色的减肥食谱，有靠谱的吗?

减肥的基础原理是热量平衡

我们吃进食物，经过消化吸收和新陈代谢产生热量，一部分热量用于身体的基本生理活动，这称为“基础代谢”；另一部分热量用于日常活动，比如劳动和运动。如果食物提供的热量大于消耗的这两部分热量，多余的热量就会转化为体内的物质，也就是“增重”了；反之，如果消耗的热量超过了食物提供的热量，身体就会“燃烧”体内贮存的物质来补足，也就是“减肥”了。

也就是说，减肥还是增重，并不取决于吃了或者没吃某种特定的食物，而是取决于热量平衡。

不同人的基础代谢差别较大，所以在同样的饮食和日常运动消耗下，有的人能够保持良好的身材，而有的人就会长胖。所谓“喝水都长肉”虽然是夸张，但基础代谢的差异对减肥的影响确实很大。

对于一个现实的个体来说，很难增强其基础代谢。所以减肥的根本是控制摄入的热量，增加日常活动和运动所消耗的热量。

食物如何帮助减肥?

任何“减肥食物”“减肥食谱”，归根结底都必须减少热量的摄入。在相同的日常活动与运动消耗下，摄入的热量越少，减去的体重就越多。

但是，人体还需要足够的物质去满足新陈代谢的需求。比如说，如果蛋白质、脂肪、维生素、矿物质摄入不足，那么减掉体重的同时人体的健康也被破坏了，其实得不偿失。此外，吃饭不仅仅是为满足营养需求，还有满足食欲的要求。人饿了，就会想吃东西。

既要满足营养需求，又要减轻饥饿感，还要控制总的热量摄入，这就是减肥困难的原因。

哪些食物有助于减肥?

要在控制总热量的基础上满足营养需求，就需要食物有合理的营养组成，或者叫作“营养密度高”。要想控制总热量又要减轻饥饿感，就需要食物使人有很好的“饱腹感”——也就是说，人吃了同样热量的食物之后，保持“不饿”状态的时间更长。

满足以上两个条件的食物或者食谱，才能称为“减肥食物”或者“减肥食谱”。比如蔬菜和粗粮，因为膳食纤维比较多，所以使人的饱腹感强；同时含有的维生素、矿物质等微量营养成分丰富，营养密度高，有助于实现“全面均衡的营养”。

米饭、面条、馒头、面包、糕点、含糖饮料，以精制碳水化合物和糖为主，含有的膳食纤维和其他的微量营养元素非常少。在摄取它们的时候，人获得的其他营养成分比较少，这被称为“空热量”或者“营养密度低”。如果靠这些食物来“吃饱”，就会造成其他营养成分的缺乏；如果要满足全面的营养需求，就还需要吃其他的食物，也就容易使人摄入更多的热量。而且，这些食物消化迅速，饱腹感相对较弱，除非凭毅力硬扛，否则人很容易再吃更多的食物。所以，这些食物也就不利于减肥，甚至被称为“增肥食物”。

CHAPTER 1

那些“最新研究发现”的减肥物质

在这个“科学”主导的时代，哪怕是街头算命的都喜欢打着“科学算命”的招牌。各种瘦身减肥的新方法，也往往加上了“科学研究发现”的前缀。媒体上充斥着各种各样的“科学新闻”：今天美国科学家发现这种食物成分能够燃烧脂肪，明天德国科学家发现那种食物能够抑制脂肪吸收，后天日本科学家又说去年的某项研究不能被重复……只关心科学对我们有什么实际作用的普通人，常常应接不暇，被这些“科学研究”搞得头晕目眩。

多数的科学研究发现都是针对一个非常具体、非常细小的对象，得出的结论往往有很严格的限制条件。在公众媒体报道的时候，这些结果经常被“妙笔生花”地演绎成灵丹妙药。比如说，科学家们可能把从某种食物中提取出来的某种成分拿去做实验，连续喂给试验小鼠或者什么动物吃一段时间，然后跟不吃这种提取物的动物相比，看看实验动物的体重是不是下降了；如果下降了，就说明这个成分对减肥可能有帮助。到了媒体报道的时候，往往会变成这种食物“具有减肥功能”，原因是“其中含有某种成分”。

这样的媒体报道虽然很吸引眼球，但纯属哗众取宠。吃提取物和吃含有这种提取物的食物是两回事。为了获得一定量的某种“减肥物质”，你必须吃下相当量的该种食物，而这些食物会导致你的食谱发生变化，或者使你额外增加了进食量,又或者是其取代了一部分其他的食物。前者本身就与“减肥”背道而驰，而后者会有什么样的影响则很难说。

在媒体思路的启发下，那些“减肥物质”就被提取出来，作为“减肥保健品”。保健品商显然很喜欢这种思路。它或许能够解决人多吃额外食物的问题，但并不见得靠谱。一般来说，正常食物中的这些“有效成分”的含量不会很高，也就不会影响人体健康，但是当人直接吃提取物的时候，吸收的量可能大大超过了正常饮食带来的量，是否还安全就不好说了。比如正常食用姜、蒜都不会有安全方面的问题，但是过多服用姜、蒜的提取物就有降低血糖及影响正常凝血的危险。在研究一种物质对减肥的影响的时候，科学家并不能确定这种物质会不会有其他方面的影响。

此外，小鼠和人有不同的代谢途径，在小鼠身上有效的东西在人身上不一定有效。动物实验提供的只是可能性，科学家们做这些研究是为了寻找进一步研究的方向，而不是用它直接作为膳食指南。

朋友圈里盛传的那些减肥食品靠谱吗?

社交媒体比如微博、微信，传统媒体比如电视台、电台、报纸和杂志，都充斥着各种“减肥食品”“减肥秘方”的广告。常见的比如左旋肉碱、酵素、茶、醋、白芸豆、黑巧克力、竹盐、明列子、葡萄柚、香蕉、椰子油、橄榄油……针对每一种都可以写出一篇文章来评析，或者辟谣。对于读者来说，其实只要考虑两个问题：

1. 吃了它，能减少人体对其他食物的需要，或减少人体对脂肪 / 淀粉的消化吸收吗？

2. 吃了它，能增强基础代谢吗？

对这两个问题，如果都没有明确直接的科学证据给出肯定的回答，那么所谓的“减肥食品”“减肥秘方”，就都是忽悠。

“无糖食品”真如广告说的那么好吗?

随着人们对健康的关注越来越多，糖对健康的危害也越来越为大家所认识。各式各样的“无糖食品”应运而生，还经常伴随着“更健康”“适合糖尿病患者”“帮助减肥”等极具吸引力的营销语言。

那么，让我们来详解“无糖食品”。

什么是“无糖食品”？目前有明确的国家标准吗?

“无糖食品”有明确的标准和定义。在中国国家标准中，它指 100 克固体或者 100 毫升液体中所含的糖不超过 0.5 克。在美国，则是以“一份食物”为基准，有的“一份”很大，比如饮料是指 240 毫升的；有的“一份”很小，比如饼干是指 30 克的。此外，还有一个“低糖食品”的概念，中国的标准是每 100 克固体或 100 毫升液体中所含的糖不超过 5 克。

需要强调的是，这里的“糖”并不仅仅指蔗糖，而是所有单糖和双糖的总称。除了蔗糖，常见的还有果糖、葡萄糖、乳糖、麦芽糖等。蜂蜜和高果糖浆都是果糖和葡萄糖的混合物，也是国家标准中所说的“糖”。

“低糖”“无糖”并不仅仅针对添加的糖，食物中天然存在的糖也需要计算在内。比如橘子或苹果的果汁中，天然的糖含量可达10%左右。这意味着即便是号称“100%无添加”的产品，也不满足“低糖”“无糖”的定义。

“无糖食品”热量更低、更健康吗?

一种食物含有多少热量，跟它是否“无糖”没有必然的联系。

就食物来说，糖的首要作用是产生甜味。另外，一些食物还要靠糖来改善质感。“无糖食品”是不是热量更低，取决于用什么来代替糖的作用。

就甜食来说，“无糖”是变成不甜的食物，还是用甜味剂来产生甜味？甜味对食物的风味影响很大，如果不甜，那么就完全是另一种食物了。如果使用甜味剂来代替糖，那么的确是降低了热量，此外，糖对牙齿的腐蚀，葡萄糖导致的血糖升高，以及果糖引发的代谢综合征，也都可以避免。从这个意义上看，可以认为无糖饮料热量更低、更健康。不过，甜味剂不像葡萄糖那样会诱导身体产生饱足信号，不利于人们控制食欲——如果控制食欲的主观能动性不足，那么“无糖食品”有可能让人吃得更多。

用甜味剂代替糖，就饮料来说容易操作，但对于固体食物就要复杂一些——不用糖，就得用其他成分去填补糖的位置。食物中的成分除了糖，还有淀粉等“复杂碳水化合物”，以及蛋白质和脂肪。如果用脂肪来代替，那么不过是“才出虎口，又入狼窝”，其热量比糖更高；如果用蛋白质来代替，在营养上倒是不错，但在价格和口味上都会完全不同。碳水化合物中，如果用淀粉或糊精来代替，在升糖指数方面有一些优势，但并不能降低热量——淀粉、糊精或者蛋白质跟同等质量的糖的热量几乎相同。如果用纤维素类的碳水化合物代替糖，倒是可以降低热量，而且有其他的健康价值，但膳食纤维的物化性质跟糖相比差别太大，取代难度很高。

“无糖食品”适合糖尿病患者吃吗？糖尿病患者应该如何选择？具体应看食品包装上的哪些信息？

糖尿病患者的饮食方针，最关键的是控制血糖的大幅波动。一般而言，替代掉含有的葡萄糖或麦芽糖的食品，其升糖指数会比相应的含糖食品要低。但需要注意的是，“无糖”并非就高枕无忧了——糊精、精制面粉、米粉等在导致升糖波动方面比糖好一些，但也只是五十步与一百步的区别，糖尿病患者还是不能掉以轻心。

所以，除了包装上突出强调的“无糖”的标签，具体的配料表更应受到重视。如果其中有淀粉糊精、环状糊精、精制面粉、米粉等，就需要小心对待；若是在配料表中排名靠前，则说明其含量较高。

身体健康的人适合吃“无糖食品”吗，比如说为了减肥？

“无糖食品”不一定有商家所宣称的功能，当然也并不意味着它们比含糖的食物糟糕。身体健康的人有没有必要吃，可以根据自己的食谱调控目标和对食物风味口感的追求来权衡。

很多人选择“无糖食品”是为了减肥。从饮食角度来说，减肥的关键在于控制热量的摄入。所以是否“无糖”不是关键，无糖之后“有什么”才是关键。至于含有多少热量，标签上会明确地标示出来，去看看就知道了。

食品中添加的甜味剂安全吗？

如果想要甜味又不想要热量，那么只能使用甜味剂。跟其他食品添加剂一样，甜味剂总是陷在“长期大量食用”的陈词滥调中。实际上，能够产生甜味的物质很多，但要拿到“上岗证”成为甜味剂，则需要经过重重考验。除了甜蜜素，其他甜味剂的每日“安全摄入量”上限的甜度相当于几百克蔗糖产生的甜度，想要“超标”也很困难。即便是经常被曝超标的甜蜜素，偶尔被“超”并不至于危害健康——“标”相当于一条警戒线，设定时预留了充足的安全余量。以这条警戒线为标准执法，是为了保证偶尔“过线”不会造成危害，而且可以约束厂家保证其使用量在安全线内。

Rumor

白芸豆的提取物能减肥？理论很美好，现实很郁闷

减肥是健康领域最具人气的话题。市场上的减肥产品层出不穷，不管有多少虚假宣传被揭露，只要下一个产品出现，还是会有很多人争先恐后地去尝试。

白芸豆提取物就是近年来较热的一种。

人体体重的变化取决于摄入的热量与消耗的热量之间的关系。要减肥，就需要保证摄入的热量少于消耗的。

人体摄入的热量来自食物。除非特意控制，人们通常总是以“吃饱”作为饮食标准的。但是，吃进去的食物都含有热量——通过减少进食的量来减少热量摄入，就要面临“忍饥挨饿”的考验，操作起来实在是比较艰难。不减少饮食的量而减少热量摄入，也就别具吸引力。这有两种途径：一是吃饱腹感强但热量低的食物，比如富含膳食纤维的粗粮和蔬菜；二是吃抑制消化吸收的物质，从而使得食物只满足口腹

之欲，而不会被吸收并产生热量，比如一些抑制脂肪吸收的减肥药。

白芸豆中有一种“芸豆蛋白”（也被称为“菜豆素”），能抑制α-淀粉酶的活性。淀粉酶能消化淀粉，最终把淀粉转化成糖，从而被吸收，进而产生热量。抑制了淀粉酶的活性，淀粉也就不能被消化，也就无法被吸收并产生热量了。因此，芸豆蛋白这种能够抑制淀粉酶活性的物质又被称为“淀粉阻断剂”。

白芸豆中含有的淀粉阻断剂，在正常烹饪中会因为加热而失去活性，于是，把它提取出来作为“减肥保健品”服用，听起来很合理。不过，理论上的可行性如果没有事实的支持，就只是一种忽悠。白芸豆中的淀粉阻断剂只是具有抑制α-淀粉酶的活性的作用，其提取物的抑制效率有多高，在胃肠中又能发挥多少作用，都不好说。

不过，保健品厂商们最擅长的就是把“可能”当成“事实”，把“有一点帮助”演绎成“有神效”。尽管只是有“理论上的可能”，但保健品厂家们已经开发出了“白芸豆提取物”用于减肥。作为“天然提取物”，其中总不可避免地含有其他“营养物质”或“功效成分”，于是保健品厂商们又演绎出了各种各样的其他功能。

那么，这种理论上的可能究竟得到事实的支持了吗？我们来看看过去几十年中零零星星的几项相关研究都发现了什么：

1982 年，《新英格兰医学杂志》发表了一项研究，比较在吃与不吃淀粉阻断剂的情况下，吃下 100 克高淀粉食物之后大便中的热量。如果淀粉阻断剂成功抑制了淀粉的消化吸收，那么大便中的热量应该会较高。然而，令人失望的是，结果显示：吃不吃淀粉阻断剂，大便中的热量没有明显差别。

保健品厂商当然不会因为这一项试验就放弃这一“市场前景广阔”的产品，学术界也不会仅仅依据这一项研究就做出否定的论断。此后，美国一家生产白芸豆提取物的公司资助了一些人体试验去验证它的减肥功效。

2004 年，这家公司发表了一项试验对象共 25 人，为期 8 周的试验，结果是两组人的平均体重都有少许下降，但两组数据没有明显差异。

2007 年，这家公司又发表了一项为期 4 周，共有 27 人参与的试验。这一次，除了吃白芸豆提取物或者安慰剂，试验者还同时进行饮食控制和身体锻炼。结果跟上次一样，也是两组人的平均体重都有下降，但两组数据没有显著性差异。研究者又按试验者的 BMI 指标、总碳水化合物摄入量和净碳水化合物摄入量（即总的碳水化合物减去膳食纤维）把试验者分开统计，期望找到某个特定的人群中白芸豆提取物会起到“帮助减肥”的作用的证明。经过这一番数据分析的游戏，他们终于找到了一个想要的结论：在“高碳水化合物组”中，吃白芸豆提取物的人平均体重下降得更多。不过需要注意的是：符合这一分类的，吃白芸豆提取物的只有 5 人，吃安慰剂的只有 3 人——这么小的样本量，要做出结论实在是很勉强。

2009 年，他们又把目光转向了白芸豆提取物对血糖指数的影响。参与试验的共有 10 名志愿者，在不同的试验时间分别服用 1500、2000 和 3000 毫克的胶囊或者粉末。结果发现，每个剂量的胶囊都对血糖没有影响，1500 毫克粉末和 2000 毫克粉末也没有影响，只有服用 3000 毫克粉末的时候，勉强出现了统计差异。从科学证据的角度，这样的结果可以理解为“没啥说服力”。

2010 年，浙江大学与美国密歇根州立大学、佐治亚大学合作了一项随机双盲对照研究。服用白芸豆提取物的试验组共 51 人，服用安慰剂的对照组共 50 人，60 天之后，试验组的平均体重下降了 1.9 公斤，而对照组则下降了 0.4 公斤。

这就是过去几十年对白芸豆提取物作用于减肥的主要研究。虽然浙江大学的研究结果具有统计学差异，但减肥效果并不明显。虽然保健品厂商信誓旦旦地表示“科学研究表明白芸豆提取物有减肥的功效”，但其实只是歪曲科学研究的忽悠。综合这些研究，科学的表述是“目前的研究不能证明白芸豆提取物能够减肥”——如果再考虑到二三十年来的屡败屡战，也只是得到了一些似是而非的结果。对于消费者来说，明智的判断是“白芸豆提取物减肥完全不靠谱”。

击破！舌尖上的谣言

CHAPTER 2

多懂一点，做孩子的家庭医生

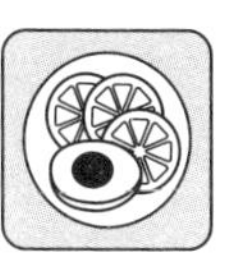

母乳过敏，宝宝表示不开心！

母乳是婴儿最好的食物，但即使是完全母乳，也有一些婴儿会持续出现一些症状，比如腹泻、便血、呕吐、腹绞痛、湿疹、便秘等。这里的腹绞痛是英文词汇 colic 的直译，直接表现就是没完没了地哭闹。

所有的这些表现都可能导致婴儿生长不良，体重增加低于正常水平。如果一个婴儿持续出现这些情况，那么他很有可能是食物过敏。虽然母乳是母亲为婴儿“定制”的食品，但是它也有可能导致过敏。曾经有这么一项小规模的试验：针对 15 个没日没夜哭闹的婴儿，暂停了对他们的母乳喂养，改喂水解蛋白奶粉之后，婴儿白天啼哭的时间减少了 60%~70%。虽然这个试验的样本量不大，也不一定具有代表性，但它可以说明，很多婴儿的“不乖”，可能是食物过敏导致的。

过敏是由特定的过敏原引起的。过敏原是特定蛋白质的一些片断，常见的含有过敏原的食物有8类，包括牛奶、鸡蛋、花生、坚果、贝类、鱼类、大豆和小麦。

除此之外，还有许多比较小众的过敏原，也会导致一些人过敏。过敏原进入人体内，身体的免疫系统会把它们当作外敌入侵，反应过度就产生了各种过敏症状。如果母亲的饮食中含有过敏原，那它就有可能进入母乳中；如果正好婴儿对这种过敏原敏感，那么就可能导致婴儿对母乳过敏。

牛奶是最常见的过敏食物，其中的过敏原是一些蛋白质，尤其是乳清蛋白中的β-乳球蛋白，这是引发牛奶过敏的“中坚力量”。绝大多数蛋白质经过消化吸收，到了血液中都变成了氨基酸，不再具有引起过敏的能力。但牛奶中的这种蛋白非常顽强，对蛋白酶的“攻击”具有相当强的抵抗力，经过消化吸收之后，还有相当一部分保留着引起过敏的能力。

1993年发表的一项研究就清楚地证明了这一点。在这项研究中，8名志愿者喝下全脂牛奶，检测喝之前和喝之后血浆中的β-乳球蛋白抗原含量。多数志愿者体内都检测到了，其中有一位志愿者血浆中的含量达到了正常值的8倍多。

母乳过敏对妈妈们来说无疑是沉重的心理负担。对母乳过敏的宝宝真的不能吃母乳了吗？

在美国名列前茅的费城儿童医院指出：在多数情况下，对母乳过敏的婴儿是可以继续吃母乳的，只需要母亲调整饮食，避免食用含有过敏原的食物，1~2周后，母乳中的过敏原就会消失，婴儿的过敏状况也会相应好转。当然了，过敏症状完全消失还需要更长的时间，可能 1 个月甚至更长。

相对于不过敏的孩子来说，过敏的孩子毕竟是少数。费城儿童医院并不推荐妈妈们通过忌口来避免婴儿对母乳过敏，而只是说在婴儿的过敏症状出现的时候，通过限制饮食来尝试解决问题。一般而言，如果婴儿持续出现过敏症状，就可以去医院做一些过敏原的测试。虽然说婴儿的过敏原测试可靠性不高，但是专业人士的帮助毕竟比父母们自己推测还是靠谱一些。如果母乳过敏的可能性非常大，母亲可以从不吃奶制品开始尝试；如果 1 个月中宝宝的过敏症状没有好转，甚至变坏，母亲再考虑忌口鸡蛋和坚果等其他过敏原。

要对过敏的宝宝进行母乳喂养，母亲需要付出许多努力。深度水解的配方奶粉固然是非常简单易行的解决方案，不过考虑到母乳的好处，辨别宝宝的过敏原，然后通过母亲限制饮食来实现母乳喂养，还是非常值得的。当然妈妈们需要注意的是，如果忌口了奶制品，就需要保证自己从其他食物中获得充足的蛋白质、钙等营养成分，比如豆腐、瘦肉，甚至钙补充剂，都是可以考虑的选项。

Rumor

CHAPTER 2

涨知识！婴儿第一口奶有讲究

曾经有这么一条新闻：某婴儿奶粉公司买通了医护人员，给初生婴儿的第一口奶是用他们的奶粉冲泡的。这个新闻曝出以后，社会反响非常强烈。大家担心婴儿的第一口奶就喝奶粉，是不是会对这种奶粉“上瘾”，从而排斥母乳。

首先，从法律角度讲，婴儿奶粉公司和医护人员的做法都是违法的。很多国家都不允许用广告或者其他的方式对婴儿奶粉进行营销。学术界和监管机构的共识是：尽力推广母乳。

当然，公众的担心过于杞人忧天了。婴儿奶粉没有那么大的魔力让婴儿“上瘾”，使其从此排斥母乳。实际上，婴儿的口味偏好在这个阶段还很难形成。但是，这并不意味着婴儿生下来的时候，我们可以随便地喂给他们婴儿奶粉。一个非常重要的原因是婴儿吸乳头和吸奶瓶是不一样的。一方面，当婴儿刚出生的时候，母亲分泌的奶水非常少，婴儿准确地含住乳头吸出奶水并不容易，婴儿很难吸到奶，所以不愿意去吸；但如果他不反复、持续地吸，奶水的分泌会越来越少，最后甚至母亲就没有奶水了。而另一方面，我们把奶粉冲进奶瓶中喂婴儿，他非常轻易地就能吸出来，也就会更喜欢这种方式。当他发现吸奶瓶更容易的时候，就会热衷于吸奶瓶，而拒绝吸乳头。这样两方面共同作用的结果，就是母乳喂养变得越来越困难。这个时候，父母会很着急，怕孩子饿着，只好给他更多的奶粉。最后，孩子彻底转向了奶粉，也就直接降低了母乳喂养的可能。

常说母乳是孩子最好的食物，那么作为母亲，怎么样才能为孩子提供最好的母乳呢？实际上没有最好的母乳之说。母亲的身体会自动对母乳的形成做一定的调节，也就是说，你作为一个母亲，吃什么、做什么对于母乳有一定的影响，但影响不会太大。作为母亲，不要有心理上的压力，认为自己如果怎样，母乳就会受影响，从而不适合孩子。没有这样的事情。不管母亲吃什么、喝什么，母乳都适合喂养孩子。

当然，为了有更充足的母乳，或者为保证母乳的营养成分更均衡、更完善，母亲也应该注意饮食的全面和均衡。所谓的全面，就是说碳水化合物、蛋白质、脂肪、水都很充足；所谓的均衡，就是说蔬菜、粗粮等各种食物都有。这和平常说的健康饮食一样。在这些健康的食物组合成的合理的食谱中，并不需要为了给孩子更好的母乳而去额外添加特别的营养成分。

总结来说，就是母亲在母乳喂养期间，饮食方面需要注意的就是全面、均衡，多喝水，真正需要严格控制的是不能抽烟，尽量不喝酒，少喝咖啡，别的就没有什么太大的限制了。

在过去，中国的富裕人家有请奶妈的传统，即请奶妈来专门喂养自己的孩子。很多人会担心，用别人的奶水来喂自己的孩子，还能保证母乳的好处吗？从营养的角度来说，只要是母乳，成分就没有太大的差别，母乳中那些特有的活性物质是普遍存在的，用别人的奶水喂自己的孩子基本上没有问题。实际上在国外，也有一些由妈妈组成的群体，她们“互通有无”，有的妈妈奶水比较充足，喂养自己的孩子有余裕，而有的妈妈奶水不足，不够喂饱自己的孩子。通过她们之间的“互通有无”让这些孩子们都能健康地成长，也是一种很好的方式。

现在在国内，我们也能看到一些电商搜集一些富余的母乳再卖给别人。这种方式，从营养的角度来说是可以的，但是在实际操作中有太多的不确定性。比如奶源妈妈的健康情况是不是能够得到保证？从采集奶水到储存、分销的整个环节，是不是能够保证安全和卫生？因为有太多的不确定性，所以大家如果想要采用这种方式，还是需要非常慎重。

我们说母乳是婴儿最好的食物，母亲应该尽最大的可能，尽力让孩子吃上母乳，但是这并不代表如果你不能喂给孩子

母乳，你就不是一个合格的母亲。因为种种原因，比如母亲的身体状况，或者工作、生活的条件所限，确实有的母亲就是不能进行母乳喂养，那么在这些情况下选择婴儿奶粉喂养，也不用有任何心理压力。其实现在的婴儿奶粉已经相当完善，它已经足以支持孩子的营养需求和成长。迄今为止，有很多关于母乳和婴儿奶粉喂养的比较，实际上在婴儿的生长发育方面，并没有太明显的差别。

关于选择什么样的奶粉，在中国是一个非常热门的话题。很多家长为了奶粉的选择也是操碎了心。

关于婴儿奶粉，网上有一种非常流行的说法，说不同地区的婴儿奶粉是针对不同地区的孩子专门设计的，所以中国的孩子应该吃国内设计的奶粉；美国的奶粉只适合美国的孩子，并不适合中国的孩子，反倒是不健康的。

类似的说法非常流行，但其实是不对的。世界各国的婴儿奶粉标准大同小异，差别很小。这些标准，都是基于同一份国际标准来制定的。在制定的时候，只是在某些指标上有一些范围上的差异。比如某个指标中国要求非常严，而美国标准可能放得比较宽，就这个指标来说，符合中国标准的都符合美国标准，而符合美国标准的不一定符合中国标准。而对于满足孩子的生长需求来说，其实都是没有问题的。

现在还有一种很“时髦”的说法——有条件的人都应该买进口的奶粉，中国国产的奶粉质量不好，安全性不高。那么国产的奶粉是不是比进口的奶粉差呢？当我们说到好和差的时候，有两方面的标准。一方面是营养，实际上从营养的标准来说，进口的奶粉和国产的奶粉并没有区别，甚至国外的父母们对奶粉的追求没有那么精细，奶粉厂商反倒没有那么大的动力去研发更加高级的奶粉。这个“高级”是指加了很多所谓的“营养成分”——如果从那些特有的营养成分的多少来说，国产奶粉中这类“可能对婴儿有益的成分”还要多一些。另一方面，从安全性的角度来说，因为国产奶粉过去出过一些问题，大家对国产奶粉普遍没有信心，总是觉得进口的奶粉更安全。但是大家要注意一点：奶粉是否安全取决于生产，取决于监管。从近几年的情况来看，国家食品药品监管部门抽查了很多批次的奶粉，国产奶粉的安全性表现还是相当好的。而进口的奶粉呢？如果是针对中国市场生产的，那么必须满足中国的标准，也没有问题。需要注意的是，有很多比较便宜的海淘代购的奶粉，生产的时候可能没有问题，但是在物流过程中产生的风险比较大，大家要警惕和小心。

虽然说现在的婴儿奶粉已经做得非常好，可以支持婴儿的发育和生长，但是它毕竟只是母乳的“山寨版”，还是无法完全代替母乳。母乳中有多种微量的活性因子，这些活性因子到底具有什么样的功能，科学家们还在摸索当中。我们能够想象，既然母乳中天然含有它们，那么它们对婴儿的免疫能力、防病能力肯定是有好处的。但是这些微量成分，婴儿奶粉中往往是缺少的。而且，母乳喂养更有助于建立亲子之间的亲密关系，这对于婴儿的心理发育和母亲的产后恢复是非常有好处的。

除了婴儿奶粉之外，市场上还有很多别的奶，比如羊奶、骆驼奶，甚至其他动物的奶。营销中宣称它们有种种好处，比婴儿奶粉更好。这里，我们要非常明确地强调："母乳是婴儿最好的食物。"在实在不能获得母乳的情况下，婴儿配方奶粉可以作为一种替代品；除此之外的其他任何奶，都无法提供婴儿成长发育所需要的营养。如果说母乳是 100 分的话，那么婴儿配方奶粉可以得到 90 分——它还是不错的，但别的任何一种奶都不及格。

母乳虽然是孩子最好的食物，但孩子总有长大、需要断奶的那一天，那么什么时候断奶呢？国内和国外对于这个问题都争论不休，营养学家们有不同的观点。目前世界卫生组织有一个指南：尽量做到在前 6 个月纯母乳喂养，即不喂母乳之外的任何食物，包括水；从 6 个月开始，逐渐添加一些辅食；但是在 6 到 12 个月之间，这些辅食的作用是为了让孩子逐渐接受常规食物，通常的辅食比如谷物、蔬菜、肉，甚至鸡蛋也可以。以前有一种观念，说早期不应该给孩子吃蛋和肉，但现在看来，这个限制是没有必要的。既然是辅食，就应该给孩子尽可能多样化的食物。在 6 到 12 个月的这一阶段，给孩子的辅食越丰富，他将来出现偏食、挑食情况的概率就越低。

1 岁以后，孩子可以完全从常规的饮食中获得营养，但这一时期母乳还是很有营养价值的，可以为孩子带来很多好处。世界卫生组织的建议是，如果条件许可，母亲能够做到的话，那么建议将母乳喂养维持到孩子2岁甚至2岁之后；如果亲子关系和客观条件允许，母亲想继续喂养也没有问题。

Rumor

引发儿童性早熟？双黄蛋有话要说！

有一位妈妈说，她的孩子从幼儿园回家，说他们经常吃到有两个蛋黄的大鸡蛋。这位妈妈就感到很不放心，因为双黄蛋是比较少见的。于是她上网去查，发现网上有文章说，这样的双黄蛋是用激素催出来的，少年儿童吃了会影响发育。

这位母亲的担心并不奇怪，在农村生活过的人可能都有印象，母鸡下双黄蛋的确是很少见的，而现在我们经常遇到，有人说买了一盒鸡蛋，其中有多个是双黄的。

在说双黄蛋的形成之前，让我们先来了解一下鸡蛋是如何形成的。在母鸡成年以后，它们的卵巢里会产生卵黄，卵黄很快就进入了输卵管。输卵管中有一段存在着许多腺体，卵黄一来，它们受到刺激，就开始分泌蛋白质，给卵黄表面裹上一层厚厚的蛋白质。这个裹着蛋白质的卵黄继续前进，逐渐形成了蛋壳膜，这就是一个鸡蛋的雏形。接着，雏形鸡蛋进入母鸡的子宫里，子宫液渗进来，鸡蛋就成形了，然后碳酸钙等物质沉积在蛋壳膜上，就形成了蛋壳，这样就成了一个完整的鸡蛋。最后鸡蛋进入母鸡的阴道，在短暂的停留之后由子宫收缩排出体外。在完全发育的健康母鸡体内，这个流程就像一条运行良好的生产线，各个相关的“部门”协调配合得非常好，每天产生一个卵黄，产出一个正常的鸡蛋。但是对于那些刚刚开始下蛋的母鸡，各个“部门”的配合还不够熟练，就经常出现异常情况，比如卵巢产生了一个卵黄之后，“控制中心”却没有收到相应的信号，又发出了一个指令产生另一个卵黄。这样，两个卵黄都进入了输卵管，虽然后续的工序负荷增大了，但是各个“部位”辛苦一下，还是能够完成生产流程。这样两个卵黄都被蛋白质包裹成形排出体外，就产生了一个双黄蛋。其实除了一天产生两个卵黄，母鸡体内的“鸡蛋生产线”还可能出现其他异常，也就可能产出其他奇奇怪怪的鸡蛋。母鸡的鸡蛋生产流程是由激素调控的，激素分泌异常确实可能产生双黄蛋；如果异常较为严重，还可能在同一天产生三个甚至更多的卵黄，也就会得到三黄蛋甚至更多卵黄的鸡蛋。这虽然比双黄蛋更加少见，但文献中的确有过记载。如果母鸡的卵巢受损出现了碎片，有一些碎片会被误认为是卵黄，蛋白分泌部的腺体也照常工作，一步错导致步步错，后面的流程照单操作，最后就会形成一个没有蛋黄的鸡蛋。在一些地方，这样的鸡蛋被称为“公鸡蛋”。

CHAPTER 2

让我们回到一开始的问题——双黄蛋为什么会扎堆出现呢？整体来说，双黄蛋的出现概率确实不高，大概不超过千分之一。按照这个概率，碰到一次两次并不难，但要经常碰到，的确会令人怀疑。英国媒体曾经报道过，有人买到过一盒6个鸡蛋，全都是双黄蛋，许多媒体纷纷转载，认为这是不可思议的小概率事件。前面所说的那位母亲的担心大概也类似。不过，双黄蛋的出现并不是完全随机的，也就是说，不能简单地认为出现一个的概率是千分之一，出现两个的概率就是千分之一乘以千分之一。我们刚才说到双黄蛋往往来自刚刚成年开始下蛋的母鸡，如果有一大群刚刚成年开始下蛋的母鸡，它们就可能产出许多个双黄蛋。现代化的大型养殖场是成批饲养的，也就是说在某一个特定的时期内，会有大批母鸡同时开始下蛋，而这个时期的蛋，双黄的概率就会比较高。而且商品化的鸡蛋销售通常要求大小一致，所以养鸡场会按照个头大小把鸡蛋分批进行包装。双黄蛋的个头通常比单黄的鸡蛋要大，就会被分拣到一起，那么在这些大个的鸡蛋中，双黄蛋出现的概率就会高得多。除了这个原因，有些品种的母鸡产出双黄蛋的概率要比其他母鸡更高。美国有一个农场精心挑选了一些母鸡，专门用来生产双黄蛋。这个农场宣称他们的鸡蛋中超过75%都是双黄蛋。

简而言之，买来的鸡蛋中有多个双黄蛋并不值得惊慌。这是因为双黄蛋的出现不是随机事件，本来就有扎堆出现的

现象。另外，双黄蛋在营养和安全方面都没有问题，大家可以放心食用。

我们说双黄蛋的产生是母鸡体内激素异常导致的，那么如果人为地使用激素，是不是可以让母鸡产出更多的双黄蛋呢？就像前文那位母亲所担心的，虽然双黄蛋可能是母鸡自然产出的，但是市场上批量的双黄蛋会不会是由激素催出来的呢？

从理论上说，我们不排除这样的可能，但是在现实中，这种可能性微乎其微。不法商贩做非法的生意是为了牟利，而用激素产出双黄蛋能否为他们带来更多的利润呢？我们在超市买鸡蛋时，一种方式是按照重量来买，在这样的方式下，人工催生双黄蛋毫无意义；另一种方式是按个卖，大个鸡蛋的价格会贵一些，不过用激素刺激母鸡产出双黄蛋，母鸡产蛋的个数就可能下降，总体来说，商人也未必有利可图。另外，世界各国都禁止养鸡时使用激素，所以既没有人研究这种激素，也没有商业化生产。即使存在这种激素，也必定是价格高且效率低的。用这样的激素来产出双黄蛋，大概类似于用大炮打蚊子，赔本的可能性比获利的可能性要大。再退一步说，即使真的有人用激素催生了双黄蛋，激素影响的也是母鸡，而不是鸡蛋。激素只是作为一种信号，让母鸡体内多产生一个卵黄，激素本身并不见得会进入鸡蛋中。

在我国有些地方，吃鸡蛋遇到双黄蛋被看作吉祥的象征，这不过是一种“口彩”而已。根据对双黄蛋和单黄蛋的成分分析可知，两者并没有值得注意的差异。双黄蛋里有的，单黄蛋里也都有；单黄蛋里有的，双黄蛋里也不缺。虽然某些成分的比例可能稍有不同，但差异并不大，从营养学的意义上看，那点差异完全可以忽略。

Rumor

CHAPTER 2

儿童性早熟，莫非是它在捣鬼？

随着资讯的发达，关于性早熟的报道越来越多，经常有媒体报道某市儿童医院接诊了多少个性早熟的儿童，而以前从未听说过有这样的病例。这让许多父母忧心忡忡，总是担心有什么东西让自己的宝宝不幸“中招”。朋友圈里也总能看到医生说吃某某食物容易导致儿童性早熟的帖子。在关于性早熟的报道中，媒体经常会表示，询问医生后发现，某儿童喜欢吃某某食品，而这就是他性早熟的原因。

实际上，这种归因完全是想当然。迄今为止，对于一个具体的性早熟的孩子，医学上还无法确定其发生性早熟的原因。

饮食跟性早熟到底有什么样的关系呢？让我们从性成熟和性早熟说起。人体的生殖系统发育是由一个下丘脑垂体性线轴系统来控制的。下丘脑释放出一种激素，叫作促性腺激素释放激素，简称 GnRH。这种激素刺激垂体分泌另一种激素，叫作促性腺激素，简称 Gn。这个促性腺激素再刺激性腺分泌性激素，性激素就促使人体的第二性征发育，比如女孩乳房长大、月经初潮，男孩睾丸和阴茎增大、长出胡须等。

这就是人体性成熟的过程。正常情况下，下丘脑要等到儿童身体的其他部分发育到一定阶段才会启动，这个阶段我们称之为青春期。但是如果因为某种原因，下丘脑提前发动了 GnRH 的分泌，儿童就会进入性成熟过程，这就叫作性早熟。如果不是下丘脑发动的，而是脑垂体或者性腺因为其他原因被启动，也可能导致性早熟的出现。

一个孩子在什么年龄开始性成熟跟许多因素有关，比如人种、遗传、营养状况等。不同的孩子进入青春期开始性成熟的年龄相差比较大。现在学术界一般认为，如果女孩在 8 岁以前、男孩在 9 岁以前出现第二性征，就被认为是性早熟。

医学界在调查统计的基础上总结出了一些性早熟的风险因素。“风险因素”的意思是说，在具备这些因素的孩子当中，出现性早熟病例的可能性会大一些。在这些风险因素中，人种的影响比较大，比如黑种人发生性早熟的比例就高一些。此外，女孩出现性早熟的比例远远高于男孩。脑部或者其他部位的疾病与损伤也有可能影响激素分泌，从而增加发生性早熟的风险。肿瘤或者白血病患者接受放射性治疗，也会增加其发生性早熟的风险。

但是，这些因素几乎都是我们无能为力的。而跟日常生活有关的因素只有两个：肥胖和接触性激素。肥胖意味着脂肪含量高，这就会伴随着一些激素的失调，进而增加了发生性早熟的可能性。儿童比较多地接触性激素，比如父母的避孕药、含有性激素的药品或保健品等，也可能促使性早熟的发生。

在有关儿童性早熟的报道中，包括一些医生在内的许多人都把“植物激素”当作罪魁祸首，说儿童性早熟是因为吃了用植物激素“处理”过的蔬菜、水果。这是一个经典的望文生义的错误。在农业生产中，会用一些化学物质处理植物，使植物的生长状况更符合我们的预期，比如加速成熟或者让水果长得更大。实际上，这些物质要么是植物正常生长过程中也会产生的物质，要么是与之分子结构相似的物质，规范名称叫作“植物生长调节剂”，植物激素是人们在日常生活中对它们的称呼。因为这个名称，许多人就想当然地认为它们会促进儿童提早发育，导致儿童性早熟。而实际上，植物激素对人一点作用也没有。它们的作用机制是进入植物后与细胞中的特定分子结合，然后产生信号启动或者延缓植物的基因表达，从而改变植物的发育过程。这些基因表达和植物发育过程本来就会发生，植物激素只是改变了它们发生的时间和强度而已。这种改变并不会产生植物本来不会产生的东西，也就不会有传说中的有害物质。人的性发育也是激素分泌的后果，但是人体中并没有与植物激素相结合的特定分子，植物激素对人也无法产生任何信号。这个道理就好比说花粉是植物的精子，它可以使植物受精长出种子，但不会使女性怀孕。

与儿童性早熟相关的讯息，我们听到的确实越来越多，人们也想当然地认为其发生率越来越高。实际上，这是一种注意力的偏差。现在人们对于孩子的发育状况更加关注，而资讯又很发达，因此一个儿童性早熟的案例很容易就被许多人知晓。根据国内外的统计，正常情况下一万个儿童中会有一到两个发生性早熟，在女童中，这个比例会更高一些，有可能达到万分之八。在一个大城市里，这个年龄段的女孩有几十万人，也就会有几百个孩子发生性早熟。

蔬菜水果中的植物激素不需担心，鸡鸭鱼肉中也没有导致性早熟的雌激素。不过，环境中的类雌激素应该引起家长们的关注。无论男女，人体都会分泌雌激素，人体会自主调节，让体内的雌激素处于合理水平。而环境中有一些物质，虽然在分子结构上可能与雌激素相差很大，但它们可以影响人体雌激素的水平，所以它们被称为类雌激素。目前发现的类雌激素很多，比如塑化剂，一些杀虫剂、除草剂、灭菌剂等，还有工业污染物，比如多氯联苯、二噁英，一些洗涤用品成分也可能含有雌激素，此外还有重金属如铅、汞、镉等，也会影响人体内的雌激素水平。

性早熟会对儿童的身心发育产生不利影响。一方面，性早熟导致儿童骨骼生长时期缩短，骨骺过早闭合，从而会影响其最终的身高；另一方面，生理变化与同龄人不同，很容易使人产生心理障碍。孩子并不懂得自己的身体变化是正常还是早熟，但作为父母自然不能掉以轻心。遗憾的是，现在的医学还不能明确地告诉我们，如何避免性早熟的发生。人种、性别、遗传、疾病等可能导致性早熟的因素，也不是我们可以改变的。父母能做的，只是降低生活因素导致的风险，一方面，收好含有性激素的药品、保健品，甚至化妆品和护肤品等，这其中也可能含有非法或者合法添加的激素，谨慎起见，尽量避免孩子们接触到；另一方面，要培养孩子良好的饮食习惯，避免其营养过剩，鼓励他们积极运动，从而保持合理的体重。

宝宝能吃这些“粉”吗?

CHAPTER 2

市场上有各种各样的宝宝食品，核桃粉与豆奶粉就是其中很有市场吸引力的两种。这些粉具体是什么东西?真的像广告里说的那样，对宝宝的发育“很有好处”吗?

核桃粉与豆奶粉是什么?

加工食品用同一种名称但内容物不同的情况非常普遍，比如核桃粉，可能是核桃仁打磨成的粉，也可能是米粉、糊精等原料加上少许核桃粉而成。后者只是借核桃之名的粉，跟核桃关系不大，这里也就不说了，这里我们只讨论“真正的核桃粉”。

核桃是一种很好的食物，虽然它的脂肪含量非常高，能达到 60% 以上，但主要是不饱和脂肪酸，其中的不饱和脂肪酸中有相当一部分是亚麻酸。人体每天需要一定量的亚麻酸，核桃就是一种比较好的来源。跟饱和脂肪酸(比如奶油和肥肉)相比，不饱和脂肪酸有利于控制血脂和胆固醇。核桃中的碳水化合物含量不高，其中糖很少，有一半左右是膳食纤维，而膳食纤维正是现代人饮食中比较缺乏的成分。核桃中的铁、锌和一些B族维生素也比较丰富，此外，还有相当多的抗氧化成分。简单说来，核桃中不利健康的饱和脂肪酸和糖含量低，而其主要成分膳食纤维、不饱和脂肪酸、蛋白质是优质的营养成分，而且其他的微量营养成分也比较丰富。

豆奶粉有两类：一类是“豆基婴儿配方奶粉”，它跟基于牛奶的婴儿奶粉是同一类产品，都是根据婴儿的营养需求，严格按照国际标准调配而成的婴儿食品；还有一类是“幼儿豆奶粉”，这也是一种配方食品，是在大豆蛋白制成的奶粉中添加了一些维生素和矿物质等微量营养成分而成的。

婴儿只能吃配方奶粉

婴儿的主要营养应该来自奶，即使是6个月之后添加一些辅食，主要的营养来源也依然是奶。鉴于这种单一的营养来源，母乳被认为是婴儿的最佳食物。只要母亲能够提供足够的母乳，婴儿就完全没有必要去吃配方奶粉。

因为种种原因，有不少母亲无法实现母乳喂养，或者无法做到全母乳喂养，那么配方奶粉是唯一能够接近母乳的替代品。通常的婴儿配方奶粉是以牛奶为基础，按照母乳的组成调整营养组成而成的。豆基婴儿配方奶粉则是用大豆蛋白代替牛奶蛋白进行配方而成的。就各种营养成分而言，这两类配方奶粉没有实质性的差别。不过，也有儿科医生及研究者认为大豆蛋白在消化率上可能不如牛奶蛋白，而其中的异黄酮对婴儿有什么样的影响则不好说，所以一般会建议首选基于牛奶的配方奶粉。美国食品药品监督管理局等机构给予这两类婴儿奶粉同等的地位，“虽然不如母乳，但已经足以满足婴儿的生长需求”。尤其是那些对牛奶蛋白过敏的婴儿，大豆蛋白配方奶粉是可以尝试的选择。

除了配方奶粉，其他的食物都无法接近母乳。比如核桃粉，虽然它的营养价值挺高，但是与婴儿的营养需求相去甚远，也就不能用来代替母乳或者奶粉。

幼儿可吃，但别信神效

通常，幼儿是指 1 周岁以上的孩子。他们已经可以吃常规食物，身体所需的主要的营养成分也应该来自常规食物。跟婴儿不同，奶只是他们的全面食谱中的一部分，主要为他们提供蛋白质和钙。核桃粉中含有的不饱和脂肪酸、膳食纤维、B 族维生素及抗氧化剂都是很好的营养成分，作为食谱的一部分，它是不错的选择，但是它的蛋白含量相对奶粉较低，钙也较少，所以不能代替牛奶或者奶粉。许多人相信核桃可以补脑，主要来自“以形补形”的传说，实际上只是一种美好的愿望。

幼儿豆奶粉中的蛋白质、脂肪和钙都是模拟牛奶的，这的确也不难做到，此外，它还加入了其他一些微量营养成分。仅仅从营养的角度来说，它可以代替牛奶，而且它提供的微量营养成分还要更多一些。不过，奶毕竟只是幼儿食谱中的一部分，全面的营养并不一定要从奶中获得。

也就是说，如果不差钱，那么用幼儿豆奶粉或者其他的二段、三段配方奶粉来代替牛奶是可以的。如果考虑到价格，那么包括普通牛奶在内的全面、均衡、多样的食物也完全没有问题。

儿童吃核桃比吃核桃粉更好

在食品营养领域，有一个概念叫作“营养密度”。就是说在相同的热量下，比较食物能够提供的人体需要摄入的营养成分。如果只用一个指标来比较食品的优劣，那么营养密度高的食品就更加“优质”。核桃就是一种营养密度很高的食品，在摄入热量相同的前提下，相比于其他食品来说，它对心血管健康及控制体重更加有利。不管对于大人还是儿童，核桃都是很好的食物。

从核桃到核桃粉，要经过加热、研磨等加工工序。在加工过程中，不饱和脂肪酸容易发生氧化，抗氧化剂也会发生氧化，从而导致它的营养价值有所降低。而且，为了改善风味和口感，核桃粉中还可能加入糊精或糖等成分，这就降低了“营养密度”。太小的孩子不适合直接吃核桃，主要是有被噎住的风险；而较大的孩子和成人，直接吃核桃是他们更好的选择。

Rumor

CHAPTER 2

奶粉应该吃到几岁？

奶制品在中国是个极其敏感的话题，尤其是婴幼儿要不要吃配方奶粉，应该吃到几岁，多年以来一直是个热门话题。网上有一篇《配方奶粉，宝宝应该喝到几岁？》的文章，把配方奶粉的营销策略从忽悠诱哄升级到谣言恐吓，可以算得上是典型的“舌尖上的谣言”了。

该文宣称“配方奶粉宝宝至少要喝到 3 岁，如果有条件的话，最好能喝到 7 岁”，然后给出了几条理由：一是“不添加配方奶粉，就会造成孩子体内优质蛋白质缺乏”；二是“只吃饭会造成宝宝微量元素不足，使孩子缺铁、缺钙，从而导致贫血或是佝偻病”；三是“鲜牛奶中所含的蛋白质 80% 是酪蛋白，不但难消化，还容易引起婴幼儿溢乳、便秘，而配方奶粉中的蛋白质是乳清蛋白，就不容易出现这种问题”；四是“牛奶中的矿物质比如磷、铁的含量过高，这会加重婴幼儿肾脏的负担”。

这些理由看起来很“科学”，但是，没有一条靠谱。

首先，婴儿时期（1 周岁之前）孩子的营养主要来自奶，所以要求奶的营养组成接近身体需求——只有母乳天然满足这一要求，此外就只能是“人工调配”的配方奶。1 周岁以后，孩子的营养主要来自其他食物，奶只是食谱中的一部分。某种营养成分是否缺乏，是否过多，不取决于某一种具体的食物，而是由所吃的所有食物综合决定的。所以，根据奶中某种营养成分的含量，就下定论说它会导致该营养成分的缺乏或者过量，完全是偷换概念。

其次，“不添加配方奶粉就会造成优质蛋白缺乏”完全是睁眼说瞎话。配方奶中的蛋白质含量比纯牛奶低，反倒是碳水化合物（甚至糖）的含量更高，这对于婴儿是必要的，但对于吃多种食物的幼儿则不是。关于酪蛋白，在牛奶中的比例的确有约 80%，但酪蛋白只是消化速度慢，并不是“难以消化”。就营养角度来说，酪蛋白也是优质蛋白，而消化速度慢并不一定是坏事，尤其是现在儿童肥胖问题值得关注，消化速度慢意味着“饿得慢”，还有助于幼儿吃得少一些。所谓“引起溢乳、便秘”就更是莫须有的罪名。所谓“配方奶粉中的蛋白质是乳清蛋白”也基本上是一厢情愿。我国相关部门规定了婴儿配方奶中的乳清蛋白不得低于 60%，但国外并没有这一要求；我国的幼儿配方奶粉（即针对 1 周岁以上孩子的二段、三段或者更高段奶粉）也没有这一要求。

配方奶的设计是通过调整奶中的蛋白质等营养物质含量，

并添加必要的微量营养成分，使之模拟母乳，从而能够单独满足婴儿的营养需求。对于以奶为唯一或者主要营养来源的婴儿，它当然是必要的。但 1 周岁之后，孩子就需要从各种常规饮食中摄取营养，配方奶的设计基础就不再存在了。所谓的二段、三段甚至更高段的奶粉，只是相当于一种强化食品，不再具有必要性。家长需要做的，是给孩子多样化的饮食，而不是纠结于奶或者其他某种特定的食物。也就是说，如果孩子有良好的饮食习惯，那么完全用不着配方奶；如果孩子被惯出了偏食挑食的毛病，那么配方奶会起一定的弥补作用，但长远来看，依然无法避免孩子营养失衡的问题。

关于孩子喝奶的问题，目前学术界与国际权威机构的推荐是：1 周岁之前，尽量以母乳为主，实在难以做到的话就用配方奶；6 个月开始逐渐添加辅食，但母乳或者配方奶仍然是主要营养来源；1 周岁之后，营养主要来源于常规饮食，奶只是作为全面食谱的一部分；1~2 周岁喝全脂牛奶（并不强调“巴氏鲜奶”，常温奶也可以），2 周岁之后，可以转向半脂、低脂或者无脂牛奶。

一件很可笑的事情是，国内某些奶粉厂家极力鼓吹“配方奶粉至少应喝到 3 岁”，并且许多“育儿专家”也推波助澜。许多人接受了这个观念之后，让孩子喝配方奶粉的理由居然又有“对国产鲜奶不放心”。配方奶粉和国产鲜奶属于不同的分类范畴。说 1 周岁之后的孩子没有必要喝配方奶，是指全脂牛奶就可以，包括巴氏鲜奶、常温奶及普通奶粉复原的奶——它们可以是国产的，也可以是进口的。如果说“对国产鲜奶不放心”，那么同样引起忧虑的应该还有国产的奶粉、米、面、水果、蔬菜甚至饮水，它们的“令人担忧”程度并不比鲜奶低。而就算是相信“进口奶粉”更安全，也完全可以用进口的常温奶或者普通奶粉。

正如马里兰大学医学中心的总结——幼儿奶粉的作用是“为挑食的幼儿补足营养”，“迄今为止，它们没有显示出比全脂奶粉和多元维生素更好”。当然，说“1 周岁以上的孩子没有必要喝配方奶”，只是回应“配方奶粉至少应喝到 3 岁”这种恐吓式的营销谣言，并不是说配方奶不能喝。它本身就是食品，只不过性价比较低而已。对于“有钱就是任性”的人，不要说喝到 7 岁，哪怕是喝到成年，也没有什么不可以。

Rumor

CHAPTER 2

让儿童酱油见鬼去！

营销行业有句名言："女人和孩子的钱最好赚。"中国父母对孩子的投入更是普遍到了"不多花钱不舒服"的地步，于是各种"儿童专用"的产品应运而生。"儿童酱油"就是其中"奇葩"得"没有节操"的一种。

儿童酱油的广告宣称"专为儿童健康研制的酿造低盐淡口酱油"；"适合拌饭、清蒸食物等，一则起到开胃的作用，二则补充营养"；"充分考虑处于发育期的儿童的味觉特点，柔和鲜香，富含 18 种氨基酸、有机酸、碳水化合物等儿童所需的营养元素，能在日常饮食中补充儿童成长所需，是增强儿童食欲的调味能手"……一般家长看到这么"专业"的解说，难免"肃然起敬"，正如一些家长所认为的"既然是专用，肯定对孩子的成长更有利，更健康，也更安全吧"。

酱油是一种调味品。传统的酿制酱油是以大豆和小麦为原料，经过发酵而成的。在发酵过程中，大豆蛋白被水解，会释放出许多谷氨酸；被释放出来的谷氨酸以谷氨酸钠的形式存在，这也就是味精的有效成分。酱油的鲜味，也主要来自它。作为调味品，酱油中还有大量的盐。除了盐本身的调味作用，它的存在也增加了谷氨酸钠的鲜味。

高含盐量有一定的防腐作用，所以传统的酱油往往含有更多的盐。在现代社会，酱油需要分装、运输和保存，需要有相当的保质期。酱油中的盐含量不可能过高，所以单靠含盐量来防腐效果也有限。现代酱油中会加入一些防腐剂，比如山梨酸钾或者苯甲酸钠。许多消费者听到防腐剂就很不安，其实这些都是很安全的防腐剂——添加量本来就不高，酱油的食用量又比较少，完全不值得担心。由于高盐是一个很大的健康隐患，于是有的厂家又开发了“低盐酱油”，把盐的用量降低了一半左右，不过这样一来，防腐压力更大了，也就更离不开防腐剂了。

现代技术还可以不经过发酵，直接用水解蛋白来获得“配制酱油”。酱油制作的关键是发酵大豆得到蛋白水解物，而配制酱油直接使用“水解大豆蛋白”。小麦淀粉经过发酵被水解成小分子，比如麦芽糊精，而配制酱油则可以直接使用水解玉米淀粉得到的糖浆；再加上盐及焦糖色素，就可以“勾兑”出味道差不多的酱油了。如果再加入味精、鸡精或者酵母提取物之类的成分来增加鲜味，就可以达到与传统酱油近乎相同的风味了。

酱油中含有一定的蛋白质、多肽或者氨基酸，但含量仅有百分之几。考虑到酱油是调味料，每天的食用量一般也就几克到十几克，其中的蛋白质和氨基酸对营养的贡献完全可以忽略。至于“有机酸”“碳水化合物”，只是摆弄名词而已，随便吃几口蔬菜、水果、米饭、馒头，“有机酸”和“碳水化合物”就比通过酱油摄入的多多了。所以，不管儿童酱油是如何“精心研制”而成的，所谓的“补充营养”都是胡扯。

酱油的唯一价值就是调味。非要考虑对健康的影响，其中的盐是最值得关注的因素——高盐不利健康，尤其对高血压患者来说，它被认为是最直接的风险因素。医学上认为每人每天的钠摄入量不应超过 2.4 克，对应 5~6 克食盐，而中国人平均每天的食盐摄入量能达到 10 克。

酱油是现代人摄入食盐或钠的重要来源。一般酱油中的钠含量在 6% 左右——这意味着，如果每天吃一勺酱油（约 15 克），摄入的钠就相当于成人每天应控制的摄入量的 40% 了。

虽然广告号称儿童酱油“低盐淡口”，但是据一些媒体的调查报道，儿童酱油中的钠含量并不比一般酱油低。即使是“低钠酱油”，其钠含量也有普通酱油的一半。至于“淡口”，且不讨论是真是假，如果味道淡了，要达到同样的调味效果就需要增加用量，这不免导致最终摄入的盐的量依然很大。

最重要的一点在于，儿童饮食完全不应该用酱油来调味。

正常饮食中含有的钠已经足够满足儿童的身体需求，任何外加的盐都是多余的。人的口味有适应性，通过调味来“增加儿童食欲”，会让他们对调味的依赖越来越强，口味越来越“重”。小时候越“重口”，长大之后就越难控制对盐的需求量，患高血压的风险也就越高。

儿童酱油不仅完全是虚假的营销噱头，而且对孩子的健康有害无益。如果家中存有，那么最合适的用途就是给大人吃，或者——让它见鬼去！

Rumor

那些“明目”“护眼”的食物真的有效吗?

眼睛是心灵的窗户。为了保持这两扇窗户的清澈明亮,朋友圈里流传着种种“明目”“护眼”的食物,比如胡萝卜、蓝莓、桑葚等蔬果,猪肝、鱼等肉类,以及玉米、绿茶、枸杞等。

为了鉴别这些“明目食物”,我们从对眼睛健康有利的营养成分说起。

抗氧化剂

眼睛是人体中最容易被光伤害的器官。视网膜上有大量的叶黄素,进入眼睛的光线,蓝光部分会被叶黄素吸收,光线产生的自由基也可以被叶黄素清除。

叶黄素是一种类胡萝卜素,广泛存在于植物中,容易溶解于脂肪。有大量的研究证实，吃了富含叶黄素的食物或者叶黄素补充剂之后，血液中的叶黄素浓度会升高，视网膜黄斑上的叶黄素也会增加。也就是说，人体中的叶黄素的确可以通过吃来补充。

但是补充了之后有没有用呢？一些小规模研究或流行病学调查的结果认为“可能有用”。有一种非常常见的老年疾病叫“老年性黄斑变性”，简称 AMD，一般 50 岁之后就可能出现，年纪越大，出现的概率越高，开始时的症状是视力下降，恶化后会导致失明。

2001 年，美国国立卫生研究院（NIH）下属的眼科研究所支持进行了一项与年龄老化相关的眼睛疾病研究，简称 AREDS。这项研究设计了一个含有 500 毫克维生素 C、400 单位维生素 E、15 毫克 β-胡萝卜素、80 毫克锌和 2 毫克铜的复合配方。试验持续了 5 年，结果是服用复合配方的 AMD 病人症状严重恶化的比例要比服用安慰剂的病人低 25%。这个结果就膳食补充剂来说是很好的效果了。所以，美国眼科学会推荐用这个配方来降低 AMD 恶化的风险。

不过，这个配方有两个问题：一是 β-胡萝卜素可能增加吸烟者患肺癌的风险；二是这个剂量的锌已达“安全摄入量”的 2 倍。2006 年，NIH 又开始了 AREDS 的第二期试验。这次试验也是为期 5 年，考察添加鱼油、叶黄素与玉米黄素，去掉 β-胡萝卜素，以及减少锌等修改版配方的效果。结论是：在原来的配方基础上，增加鱼油、叶黄素与玉米黄素都不能获得额外的效果。不过，如果病人吃的是不含β-胡萝卜素的配方，那么增加叶黄素和玉米黄素就有明显的效果。此外，如果病人的饮食中叶黄素和玉米黄素的含量低，那么添加了这两种色素的配方也显示出效果。

叶黄素对眼睛的保护作用在理论上是合理的，也有一些试验证据的支持。叶黄素广泛存在于食物之中，安全方面也无须太多的担心。在综合权衡其风险与好处之下，不仅保健品行业，由眼科专业人士组成的美国验光协会也推荐通过食物或者补充剂来摄入叶黄素与玉米黄素以保护眼睛。

那些“明目”“护眼”的食物

前面所说的NIH研究中使用了多种营养成分，是因为除了叶黄素和玉米黄素，维生素C、维生素E、锌在理论上对于眼睛健康也很重要。除此之外，ω-3多不饱和脂肪酸也有帮助。

传说中的那些“明目”“护眼”的食物往往富含以上一种或者几种营养成分。比如：

◎深绿色蔬菜、柿子椒、豌豆、西兰花、南瓜、玉米、鸡蛋等，都是叶黄素和玉米黄素的良好来源。

◎鱼类、海鲜则往往富含ω-3多不饱和脂肪酸和锌。

◎维生素A的缺乏会导致夜盲症甚至失明，而动物肝脏富含维生素A，此外还富含锌。只是肝脏的维生素A含量太高，很容易摄入过量，而维生素 A 过量也并非好事。相对来说，通过食物摄入 β-胡萝卜素和类胡萝卜素就稳妥得多——它们可以转化成维生素 A，转化反应受到身体的自动调节，不会导致维生素 A 过量。

◎蓝莓、桑葚、石榴、草莓、枸杞、绿茶等则是因为含有丰富的多酚抗氧化剂，被认为能够“明目”“护眼”。

需要指出的是，这些食物或者说其中的食物成分对维护眼睛的正常功能有好处，并不意味着多吃它们就可以“让眼睛更明亮”或者“恢复视力”“防治眼部疾病”。保护眼睛，更重要的还是避免眼睛受到辐射、化学损伤，以及过度疲劳等。

当然，这些对眼睛有好处的营养成分，对于身体的整体健康也很有好处。这些“明目”“护眼”的食物，本身也都是很优质的食物。所以，不必纠结于它们是不是真的“明目”“护眼”，把它们作为全面食谱的一部分，适当增加摄入量，对于整体健康是“稳赚不赔”的。

Rumor

CHAPTER 2

高风险！孩子的饮食禁忌

在关心“孩子该吃什么”的同时，很多父母也操心“什么食物孩子不能吃”。从食物本身来说，几乎没有哪种大人能吃的食物是孩子不能吃的。但是，在孩子发育早期，食用某些食物会带来一些风险，父母们最好还是慎重对待。

婴儿的高风险食物

婴儿（指 1 周岁之前）的营养，应该主要来自母乳或者配方奶。6 个月之后，可以逐渐添加一些辅食。辅食可以提供一部分营养，但更重要的意义在于让孩子逐渐向常规饮食过渡。

在喂给婴儿辅食的时候，有两类食物需要特别注意。

一是蜂蜜和玉米糖浆。这两类食物中可能含有肉毒杆菌，成年人的消化系统可以应付它们，但婴儿的消化系统还没有发育完善，遭遇肉毒杆菌可能中毒。保险起见，婴儿辅食中不应该添加蜂蜜和玉米糖浆。

二是硝酸盐含量高的蔬菜，比如胡萝卜、菠菜、南瓜、萝卜、羽衣甘蓝、白菜、西兰花和青豆等。硝酸盐可能转化成亚硝酸盐，在成年人的体内，这一反应被抑制了，所以不会有问题，而小于 6 个月的婴儿体内缺乏这种抑制能力，摄入过多的硝酸盐可能导致中毒，出现呼吸困难及皮肤发青的症状。保险起见，最好是在孩子 1 周岁之后才喂给他们这些蔬菜。一般来说，商业化生产的大品牌的婴儿辅食，其原料中的硝酸盐含量会受监测和控制，通常不会有问题。

那些容易噎着宝宝的食物

对于小孩子来说，食物的物理状态引发的事故远远比食物成分引发的要多。在美国，每年因为食物噎住而被送往医院的儿童多达上万，其中有几十人最终死亡。在 3 岁以下儿童的死亡原因中，被食物噎着排名第一。

这是因为 3 岁以前孩子的咀嚼功能并不完善，很容易“囫囵吞食”，而他们的食道还很细，很容易被卡住而导致窒息。

最容易噎着孩子的食物是火腿肠。此外，硬糖果、花生、葡萄、生的小胡萝卜、苹果、爆米花等也很常见。而一些看起来“软”，实际上只是变形但不容易吞下的食物，也容易卡在孩子的食道里，比如花生酱、棉花糖、果冻、口香糖等。

很多中国父母喜欢给宝宝吃蛋黄。蛋黄有很强的吸水性，本身也比较软。孩子们咀嚼不充分，唾液分泌得不多，蛋黄进入食道就容易卡住。与此类似的，还有绿豆糕之类的食物。

如果家长要给孩子吃这些食物，需要特别小心，注意以下几点：

第一，宝宝吃东西的时候，一定得有大人看着——一旦情况不对，能够及时处理。不能为了图省事，给了宝宝食物，大人就顾着忙自己的去了。

第二，让宝宝养成吃东西的时候一心一意的习惯，不能边吃东西边做其他事情，比如走、跑、说话、大笑等。

第三，父母以身作则，细嚼慢咽。不要把食物拿来做危险的游戏，比如把食物抛起来用嘴接住、把大块食物放进嘴里、比赛快速进食等。

甜食

人们生来就喜欢甜食，吃得越多，对糖的需求量就越大。在儿童食品中，含糖量大的往往都是高热量、营养单一的食品。这样的食品吃得多了，营养丰富的健康食品就会吃得少。

吃了甜食之后，残留在口腔中的糖就成为口腔细菌滋生的养料，它们在生长增殖中会产生有机酸，而这些有机酸会腐蚀牙齿，从而形成龋齿。细菌还会产生黏液，把食物中的色素物质吸附在牙齿上，还有一些细菌本身就能产生色素物质。天长日久，这些色素慢慢渗入到牙齿中，会让牙齿失去光泽。

重口味的食品

除了糖，很多家长还喜欢把酱油、蜂蜜、浓汤等加到食物里，理由是“味道好，孩子爱吃”。

其实这对宝宝并没有好处。人类开始接触食物的时候，对于口味的偏好并不强，喜欢甜、香，抗拒苦、涩、酸，只是“倾向于”而已。大多数饮食偏好是后天形成的。

现代人不容易缺乏营养，多数孩子的问题是营养过剩。他们的健康发育，需要的是多样化的食品，尤其是“营养密度高”的蔬菜和粗粮之类。一般而言，这些食物都不那么“好吃”。当父母以各种“精心制作”的重口味食品吸引宝宝多吃的时候，其实是在强化口味偏好。重口味的食品吃得越多，孩子的嘴也就越“刁”，他们就越抗拒那些风味平淡的健康食品。而且，这会形成恶性循环——为了让孩子多吃，父母只能又继续提供重口味的“精制食品”，于是导致孩子越来越挑食、偏食。

实际上，婴幼儿很容易适应平淡的食物。从辅食开始，就不要给他们精心调味的食物，而是让他们接触平淡的、食物本来的味道。如果他们不喜欢吃某种食物，父母也不应加入各种调料让他们“爱吃”，而应增加他们接触这一食物的机会，引导他们慢慢尝试。

击破！舌尖上的谣言

CHAPTER 3

宅男宅女的现代饮食指南

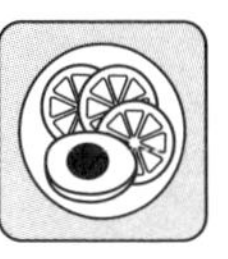

Rumor

重金属中毒——常吃方便面惹的祸?

许多人都听说过方便面含重金属的新闻，并因此感到纠结和焦虑：吃方便面会不会导致重金属中毒呢？其实，那条新闻是说台湾地区有机构检测了多种方便面的调料粉包和油包，发现其中含有铅、砷、汞等有害物质，然后一些新闻媒体就补充提到专家指出只要重金属超过一定的浓度，就会干扰人体正常的生理功能，严重的还会导致基因突变，引发癌症。

大家或多或少都吃过方便面，这条新闻一出，立刻引起了轰动，各大小媒体纷纷转载，网络上一片讨伐。这里先说一个“简单粗暴”的结论：这条新闻是典型的没事找事，吓唬公众。

重金属是指密度在水的密度 5 倍以上的金属元素，比如铅、汞、镉等。砷其实不是金属，不过它对人体的危害与这些重金属较为类似，所以通常也被作为重金属看待。有一些金属元素是我们的身体所需要的，比如铁、锌、铜等。而铅、

CHAPTER 3

砷、汞、镉等这些元素人体完全不需要，它们进入人体后排出的速度非常慢，如果持续摄入，就会在体内累积，累积到一定的量就会引发各种症状，甚至致癌。对于这样的元素，我们当然希望其摄入量越低越好，最好是一点都不摄入。但是，它们在自然环境中广泛存在，土壤中有，水中有，依靠土壤和水种植出来的植物中也会有，用草、粮食养殖出来的动物中还是会有。很多人还担心黑心厂家会不会在食品中非法添加重金属。其实加入重金属对于厂家来说没有任何好处，厂家自然不会有兴趣添加。

重金属基本来自自然生长的食物原料中，所以食物中有重金属毫不意外，有多少才是问题。如果一种食物不含重金属，那么只有两种可能：一是没有检测，人们不知道其中是否含有重金属，因此当作它没有；二是检测手段不够先进，因含量较低而检测不出，这也就被当作没有。科学技术发展到今天，人类的检测能力越来越强，以前发现不了的，现在能够轻易地发现，媒体也就获得了炒作新闻的机会：某某食物中惊现某某重金属！其实你随便拿什么食物去检测，只要检测技术过关，肯定都能检测出不止一种重金属来。

我们的身体对于重金属还是有一定的处理能力的。如果摄入量很低，那么身体是能够处理和承受的，也就不会危害健康，或者说对于健康的影响小到可以忽略。这个量就是通常所说的安全摄入量。在安全摄入量的基础上，监管部门再根据人们可能食用的各种食物的最大量来制定其中的限量标准。比如说无机砷，一个75公斤的成年人，每天摄入150微克，天天摄入，常年摄入，也不会危害健康。大米中，我国允许的无机砷含量是每公斤200微克。也就是说，即使我们吃的大米中无机砷已经达到了安全摄入量的上限，每天吃750克大米，天天吃、常年吃，也不会危害健康。750克大米煮出来的饭大约有3~4斤，一般人也吃不了这么多，而实际食物中的无机砷，更远远到不了那一含量。在我国台湾地区爆出的这条方便面中含有重金属的新闻里，检测的其实是调料包，其中的各种重金属含量都远远低于限量标准。也就是说，方便面中的确含有重金属，但是它们远远不到危害健康的量。这事在台湾地区之所以成为新闻，还与台湾地区没有相应的限量标准有关。因为没有标准，媒体也就不能判断这些含量是否超标，自然也就容易大惊小怪了。

关于方便面，还有一个著名的“传说”——方便面吃进体内要32个小时才能消化。这是一条彻头彻尾的谣言。方便面不过是一种蒸熟之后经过油炸的食品而已。它的组成依然是淀粉、脂肪和蛋白质，消化它并不会比消化其他类似组成的食物更慢。

关于方便面是否有营养，有的营养专家对它嗤之以鼻，说它没有任何营养；也有的专家说它含有蛋白质、脂肪、碳水化合物，加上蔬菜包，营养其实挺丰富的。其实两种说法都走了极端，方便面是一种热量较高，脂肪含量较高，优质蛋白、维生素和矿物质含量较少，缺乏膳食纤维，且含盐量很高的食品。如果只吃它的话，当然营养不全面、不均衡。

但方便面本来只是作为一种应急食物出现的，不能作为常规食物，更不应该作为日常饮食天天吃。关于方便面还有许多传说，大多是谣言，不过有一条是真的，即方便面的骨汤包真的不含骨汤，而是用调料调配出来的。通常，调料包中的主要成分有肉味香精、味精、呈味核苷酸及麦芽酚等。其实，它们也都是正常骨头中的鲜味成分，只不过用其他方法生产出来混合在一起而已。

火腿、培根是大肠癌元凶？真相只有一个

2015 年 10 月 26 日发生了一个大新闻，世界卫生组织（WHO）正式宣布：火腿、培根等加工肉制品被定义为 1 类致癌物，而红肉也被定义为 2A 类致癌物。红肉是指血红素含量比较高的肉，我们经常吃的猪肉、牛肉、羊肉都属于红肉。

这下，不仅火腿、培根成了致癌物，连猪肉、牛肉、羊肉都是致癌物了。这一消息毫不意外引起了一片担忧。

其实，这种担忧和恐慌都是对致癌物和致癌等级的概念不了解而引发的。

通常所说的致癌等级，其实是世界卫生组织的致癌物分类。这个分类或者通常说的分级，依据的是某种物质增加人体患癌风险的证据的确凿程度，而不是物质致癌能力的大小。等级最高的 1 类致癌物，意味着有非常明确的证据表示该物质会增加人的患癌风险；2A 类致癌物意味着该物质使人体患癌的可能性较高，在动物实验中发现了充分的致癌性证据，对人体有理论上的致癌性，但实验性的证据有限。

证据的确凿程度跟致癌能力的大小是完全不同的概念。这句话说起来有点拗口，让我们用法院判案来类比一下：1类致癌物相当于人证、物证俱在，犯罪嫌疑人对犯罪事实供认不讳；而2A类致癌物则相当于有很多间接证据指向嫌疑人，他也有作案的时间和动机，但我们缺乏直接的证据。对于1类，法院可以进行判决；而对于2A类，警方可以高度怀疑、继续侦破，如果找到了直接的证据，它就会升级成1类。而致癌能力的大小则相当于罪行的严重程度，比如说是杀人放火还是从超市偷了一个面包。实际上，同为1类致癌物的除了香烟、无机砷、石棉、黄曲霉毒素这些“臭名昭著”的物质以外，还有咸鱼、槟榔和太阳辐射等人们接触了几百年以上的东西。

火腿肠、培根、香肠等加工肉制品会增加患癌的风险，其实在食品营养界早已经算是共识。也就是说，它们会增加患癌风险这件事情是可以“定罪判决”的。但是它们增加了多少风险，即它们的罪行到底有多大，是相当于杀人放火还是顺手牵羊拿了个面包，这才是我们真正关心的问题。世界卫生组织评估给出的数据是：如果每天吃50克的火腿、培根等加工肉制品，那么患大肠癌的风险会增加18%。

这里请大家注意，是患大肠癌的可能性增加18%，而不是说有18%的可能性会得大肠癌。这句话说起来也很拗口，我们把它展开细说一下。在中国人群中，每年大肠癌的平均发病率大约是万分之三，假设一个人活到 80 岁，他得大肠癌的可能性大概是 2.4%。致癌风险增加 18% 的结果是得大肠癌的可能性会从 2.4% 升高到 2.8%。完全不吃与每天都吃 50 克以上的差别，在于得大肠癌的可能性是 2.4% 还是 2.8%。所以这个问题的实质是，为了避免得大肠癌的可能性从 2.4% 增高到 2.8%，你是否愿意放弃每天享受 50 克火腿、培根这一类加工肉制品？这个问题，对于对这一类食品喜爱程度不同的人来说，选择一定是不同的。

实际上我们通常说的各种致癌物，情况都跟这个差不多。世界卫生组织所说的火腿、培根等加工肉制品，其中还包括了香肠、腊肉、腌肉、咸肉、风干肉等，而其他著名的致癌物还有咸鱼、蕨菜、烧烤等。

很多人最关心的问题是：这些食物到底能够吃多少？答案可能会让很多人不满意，但是我们不能不面对科学的事实——对于这些致癌物，吃得少增加的患癌风险就低，吃得多增加的患癌风险就高，并不存在一个所谓的不增加风险的安全量。如果要绝对安全，那么只能不吃了。如果能够接受一点点风险，比如说偶尔解馋吃一点，那么它增加的患癌风险跟抽烟、喝酒相比，也还是不值一提的。

Rumor

搞事情？适量饮酒有益健康被质疑！

CHAPTER 3

在美国通行的膳食指南中，有一条叫作“适量饮酒”，很多人把这一条理解成了“适量饮酒有益健康”。这个说法在社会上流传得非常广，很多营养师和医生也这么告诉别人。实际上这是一个误区，“适量饮酒有益健康”这一说法来源于20世纪90年代的一档美国节目。某家美国电视台做了一期节目，提出了一个“法国悖论”：我们都知道油炸的和高脂肪含量的食品对心血管健康是不利的，但是法国人这些食品吃得挺多，他们的心血管疾病的发生率却不高。于是这家美国电视台就提出了一个假设：法国人喝葡萄酒比较多，而葡萄酒对保护心血管有利。他们用这个理由来解释“法国悖论”，正好迎合了葡萄酒行业和许多爱酒人士的需求，于是得到了广泛的传播。

“法国悖论”非常有意思，吸引了很多科学家的关注，他们进行了大量的调查研究，结果发现不仅仅葡萄酒，甚至

酒
BA
昨日

白酒，对于心血管可能都有一定的保护作用。他们的结论是这样的：跟那些从来不喝酒的人相比，所谓“适量饮酒”的人，心血管疾病的发生率要低20%。因此，现在社会上流传的说法“每天睡前喝一杯红酒能够软化血管，还能够美容”就不足为怪了。针对这种说法，美国心脏协会（AHA）非常明确地表示了反对，反对的理由是：首先，以喝酒来保护心血管的科学证据并不充分，只是有一些很初步的数据，并不算是科学上的盖棺定论；其次，我们有很多行之有效的保护心血管的方法，比如增加膳食纤维的摄入，增加蔬菜、粗粮的摄入，加强锻炼，等等，这些方法远比喝酒要有效、安全得多。

在我们考虑喝酒对健康的影响的时候，当然不能只考虑心血管，我们还要考虑别的方面。有更多科学研究的结果表明，酒精会增加很多种癌症的发生风险。酒精就是乙醇，它进入人体之后，第一步反应变成了乙醛，而乙醛是一种非常明确的致癌物。现有的研究数据表明，尤其是与消化道有关的癌症及其他很多种癌症，经常喝酒会让它们的发生风险高出几倍。当我们全面考察喝酒对健康的影响时，结果是：喝酒可能对心血管有一定的好处，但是它同时带来了癌症及其他疾病的发生风险的增加。综合起来看，喝酒对于健康没有好处，我们不能说“喝酒有益健康”。

美国广泛流行的“适量饮酒”，其实正确的理解应该是“如果你要喝酒，那么应控制量，要适量，不要过量”，而不是“为了健康，你应该喝酒”。

那么，按照这一“适量饮酒”的说法，什么叫“适量”呢？具体来说，对于女性，每天喝酒不应超过 1 个酒精单位；对于男性，每天喝酒不应超过 2 个酒精单位。所谓的 1 个酒精单位是指 18 毫升的酒精。18 毫升酒精对应于我们常喝的酒，比如说 30 多度的中度白酒，大约是 1 两，而对应 60 度的高度白酒，只有 30 毫升；一般葡萄酒的酒精含量是 12%，那么就相当于 150 毫升；而啤酒的酒精含量一般是 3%，那么就相当于 600 毫升。

如果超过了“适量饮酒”的量，也就说明喝多了，那么，酒对心血管的那点可能的保护作用也就没有了，而致癌的风险会大大增加。除此以外，喝酒会让身体失去控制，比如容易摔倒而因此骨折等。

在我们喝酒的时候，当酒精进入口腔，它就开始了代谢和转化。酒精代谢的第一步，是在乙醇脱氢酶的作用下转变成乙醛，然后在乙醛脱氢酶的作用下转化成乙酸，然后接着再分解成二氧化碳和水。这每一步过程都不简单，还牵涉很多生化反应，其中最核心的就是酶的作用。很多人体内缺乏乙醛脱氢酶，这就导致乙醛在体内的堆积，这种堆积会导致头晕、脸红，有的人会脸色发白。而乙醛是一种非常明确的致癌物，它能与 DNA（脱氧核糖核酸）结合，产生突变。

在现实生活中，我们会遇到一些不能喝酒的人，喝非常少的酒就会脸红，就会有反应。很多时候，我们觉得这是“锻炼”不够，喝得不够多，所以不能喝。但是从科学的角度来说，酒量大小是天生的，它取决于我们体内的酶的作用。喝酒就脸红，意味着他体内的乙醛脱氢酶比较缺乏。在喝酒的时候，他体内积累的乙醛会比较多，他的患癌风险将会是其他能喝酒的人的好多倍。换句话说，我们在酒桌饭局上劝一个不能喝酒的人喝酒的时候，他所承担的患癌风险比那些能够喝酒的人高好几倍。

Rumor

当心淋巴中毒！吃鸭脖可不只有辣死的

CHAPTER 3

对于许多人来说，鸡脖子、鸭脖子都是美味，网上也随处可见如何烹饪美味鸡脖或美味鸭脖的私房秘籍。猪脖子在农村被称为“槽头肉”，虽然不算好肉，但在过去因为价格便宜而很受欢迎。随着人们对食品安全的关注，各种关于“脖子肉不能吃”的消息随处可闻，有的人说脖子上有淋巴结，绝对不能吃；有的人说大量食用血脖肉可使人中毒。很多媒体和地方食品药品监管部门甚至把猪脖子肉当作有毒食品，所以“严查血脖肉”经常成为热门新闻。实际上，在新闻中披露的或者各地执法部门查处的鸡脖子、鸭脖子、血脖肉、下水等，通常是未经检疫、未经处理的。一些非法窝点、黑心商贩的生存之道就是在一切可能的地方压缩成本，从而可以在低价销售的时候仍有利可图。在这样的情况下，不能指望他们采购的生猪、活鸡、活鸭是健康合格的，更不能指望他们的屠宰过程卫生、规范。不仅仅是脖子，也不仅仅是淋巴与甲状腺，还有许许多多风险更大的可能性存在，比如病死的动物、各种病菌和寄生虫感染、过期变质等。

这样的肉当然是不能吃的，那经过检验检疫的脖子上的肉到底能不能吃呢？下面给大家一一解析关于脖子肉的几则常见的传说。

第一则是说，淋巴结是排毒器官，所以集中布有淋巴结的脖子绝对不能吃。淋巴结是动物体内过滤病原体的器官，并非排毒器官，在动物被宰杀时，淋巴结中的细菌、病毒来不及被清除，在烹饪的过程中也不能保证被彻底杀灭，所以淋巴结的确存在健康风险，不应该食用。但淋巴结跟脖子肉是两码事，实际上淋巴结分布于全身，脖子只是比较集中的部位而已，不管是哪个部位的淋巴结，都不应该吃。但是不管哪个部位的肉，只要去除了淋巴结，都是可以食用的。

第二则是说鸡、鸭的脖子的皮上布有淋巴结，所以不能吃。其实，鸡的体内并没有成形的淋巴结，只有起同样作用的淋巴集结体在脖子上。还有鸡、鸭的胸腺在颈部皮下，也是淋巴器官，可能含有比较多的病菌、病毒，所以也不应该食用。此外，鸡、鸭的脖子上还有甲状腺、甲状旁腺，这些腺体也含有比较多激素，应该避免食用。在规范的屠宰中，这些腺体都会被去除。所以，只要从正规渠道购买，那么鸡脖子、鸭脖子上是不含有这些部位的，也就可以放心食用。至于淋巴集结体，如果没有发生病变，那么充分加热之后吃到一点，也不至于有明显的危害。如果大家连这一点风险也不想承受的话，可以把皮去掉。因为这些淋巴集结体分布在皮下，把皮去掉，也就把它们都去掉了。

第三则是说，血脖肉含有甲状腺、淋巴结，所以不能吃。血脖肉是指连接生猪的头部和躯干的部分，这部分正是屠宰时刀刃出入放血的地方。因为会有一些血渗入肉中，使得肉变成红色，因而被称为血脖肉。在许多地方，这一部分肉被称为槽头肉。它肉质松软，肥肉和瘦肉没有明显的分界。一般而言，它的价格很便宜，比较适合做肉馅。猪的脖子部位确实有比较多淋巴结，此外，猪的脖子部位也有甲状腺，其中含有甲状腺素。甲状腺素很稳定，难以在烹饪过程中被破坏，如果食用较多的话，人体的内分泌会受到干扰，从而影响正常的生理代谢，使人出现恶心、呕吐甚至神经中毒的症状。不过在规范的屠宰中，生猪要经过检验检疫，健康的生猪才会被屠宰供大家食用。在屠宰中，甲状腺及淋巴结都会被去除，也就是说，只要是经过检验检疫、规范屠宰和处理的血脖肉，并不会对健康造成威胁，是可以安全食用的。简而言之，只要检验合格，鸡脖子、鸭脖子和血脖肉都可以吃；若检验不合格，则里脊肉、鸡胸肉也会有问题。

说到鸡肉，还有一个“鸡翅尖是打针的部位，所以不能吃”的常见说法。在肉鸡养殖中，一般是把抗生素加到饲料里喂的，不过也确实有一些需要采取注射的方式。一般而言，注射的部位是腋下而不是翅尖。注射之后，药物会迅速扩散到全身，

CHAPTER 3

所以不管注射在哪儿，“打针的地方不能吃”都只是一个非常想当然的说法。

除了鸡脖子，鸡杂、鸡头也都受到许多人的喜爱，但也有各种不能吃的说法。所谓的“十年鸡头赛砒霜”是个想当然的谣言。鸡通过头部的嘴吃进食物，但食物还是要到胗、肠才能够被吸收，进入血液。即使有毒素，也是通过肝脏、肾脏进行处理，而不会特别积累在头部。

其实，不管是鸡脖子、鸡杂、鸡皮还是鸡头，在营养价值上都乏善可陈，在安全上虽然有一点理论上的风险，但还是在可接受的范围内。它们有特别的口感和风味，如果喜欢的话，偶尔尝尝鲜、解解馋，还是没有什么问题的。

清肺汤 vs 雾霾的战斗

CHAPTER 3

“清肺”“润肺”是传统医学术语，谈到这个话题，首先要声明的是，传统医学里的肺和现代解剖学意义上的肺不是一个概念；传统医学里的“清肺”，也不是指清除肺里的尘霾。当大家在讨论雾霾影响健康甚至可能导致肺癌的时候，指的是现代解剖学意义上的肺，以及雾霾造成了肺癌等呼吸道疾病，也就是说，讨论的是空气中的微小颗粒物对解剖学意义上的肺所造成的实际损伤；而所说的“清肺食物”“防霾食物”也是指望通过这些食物来避免这种伤害。所以在这里先强调一下，这里讨论的不是古人说的“肺”，以及他们说的“清肺”，而是现代医学概念上的我们身体中实实在在的肺器官。

每到秋冬季节，雾霾都是热门的话题，尤其在北京等城市，调侃雾霾，编发各种关于雾霾的段子，甚至成了人们喜闻乐见的一项活动。而每当我们面临一个健康问题，都非常期望能够找到某种食物，吃了就能够解决问题。看看大家的微信群、朋友圈、微博甚至电视，到处都是雾霾天吃什么才能够清肺排毒的文章。各种营销号、电商、微商也大力推销各种清肺食物、防霾食物，比如有微博写道“持续的雾霾天气损伤肺脏，除了减少出行、戴口罩，适当的饮食也能达到清肺效果”，然后列举各种食物如猪血、鸭血、梨、冰糖、银耳、萝卜、花草茶等，宣称能够治疗痰多、咳嗽，起到抗病菌、清肺降火等作用。更有一些中医药企业推出了所谓的“抗霾清肺饮”。

首先我们聊聊第一个问题：空气中的粉尘颗粒物如何影响健康？我们说的粉尘和雾霾都是空气中的微小粒子，这些颗粒物的大小和它们在空气中的含量是决定危害程度的两个最关键的因素，颗粒越小，危害就越大。直径大于10微米的颗粒物可以被鼻腔内的纤毛拦截，也就不会被我们吸入。10微米非常小，一张新的百元人民币的厚度大约是90微米，也就是说，一张人民币至少要分成9层，每层的厚度才能达到10微米以下。这样大小的颗粒物能通过呼吸道进入肺里，所以被称为可吸入颗粒物，它们在空气中的浓度就是我们通常说的PM10。如果颗粒小于2.5微米，那么还能进一步到达肺的细支气管，这些颗粒物会沉积在支气管里，从而影响肺里的气体交换，进而导致各种呼吸道的症状，天长日久，可能会引发肺癌。2.5微米及更小的颗粒物实在是太小了，如果没有风的话，它们能够长期飘浮在空中。由于它们的危害实在太大，空气质量监测中会专门测量小于这个直径的颗粒物的含量，这就是大家熟知的PM2.5。PM2.5 的颗粒物中，还有一些直径小于 0.1 微米的，它们甚至可以进一步穿透肺泡，进入血液，并随着血液流窜到其他的器官，包括脑部，这样的颗粒物危害就会更大。

了解了雾霾如何影响健康之后，我们再来考虑食物能否清除它们。要想清除肺里的这些颗粒物，就得让“清洁工”与它们碰面。而食物从嘴到胃里，再经过胃肠被消化成小分子，这些小分子跟食物中的其他小分子一样，穿过小肠绒毛进入血液，然后被运送到人体各处的细胞中。对比一下空气颗粒物与食物在体内的动向，你会发现食物分子跟那些大于0.1 微米的颗粒物完全没有碰面的机会，自然也就无法清除它们；而那些进入血液的极其细小的颗粒物，在食物的小分子面前依然还是庞然大物，让这些食物分子去清除比它们大得多的颗粒物，只有逻辑上的可能性，而没有任何理论依据和实验证据显示这种逻辑上的可能性能够实现。

然而在现实生活中，人们经常“现身说法”，说吃了某某清肺食物的确起作用了，这又是怎么一回事呢？有一些食物所谓清肺的依据，是吃了之后大便变成了黑色。类似的，还有各种排毒食品或者保健品也因为导致黑便，而被人们认为起作用了。大便的颜色确实跟食物有关，有一些食物、膳食补充剂或者药物可能导致黑便。最常见的情况是食物中含有比较多的铁，比如一些保健品含有大量的铁，服用之后就会导致黑便。猪血、鸭血中也含有较多铁，吃了之后导致黑便也是有可能的，或许这就是人们把这些动物的血看作清肺食物的依据。

还有一些人对于清肺食物的作用是这样理解的：食物中含有某某成分，该成分对人体具有某某作用，所以这种食物可以保证排除有毒有害物质，增强人体免疫力，从而抵抗空气污染的危害。这种大而空的理由看起来似乎很有道理，实际上没有任何价值。每一种人体需要的营养成分都有作用，比如不喝水或者不吃饭，人都会生病甚至死亡，自然也就无法抵抗雾霾的危害。按照这样的思维方式，也就可以得出水和饭也是清肺食物的结论来。

说清肺食物、防霾食物都没有什么用，大家可能会很失望，但这是现实，我们不应该自欺欺人。那么面对雾霾，我们可以做些什么来保护自己呢？相对于饮食对呼吸道健康的影响，烹饪时产生的油烟更值得关注。在人们建立空气污染这个概念之前，煎炒烹炸就已经存在了很久，但是油烟对健康的不利影响不会因为油烟存在了千百年就不存在。如果我们在煎炒烹炸的时候测一下空气质量，就会发现它往往会“爆表”；尤其当用的是土榨油、自榨油时，因为油中杂质多，产生的油烟危害就更大。

说炒菜的油烟也是雾霾的来源会让许多人反感。应该强调的是，炒菜的油烟是雾霾的来源之一并不意味着大家不应该炒菜。炒菜的油烟会危害健康，这是科学事实。除了避免油烟，在雾霾严重的时候关好门窗与减少出门是虽然消极但有效的手段，而安装一台好的空气净化器，也是积极有效的办法。至于什么清肺防霾的食品、饮品、保健品，就只是在为商人们赚钱做贡献了。

走地鸡、速成鸡，吃得其所就好

在这个以吃闻名的国度，咱们对鸡表示喜爱的方式，就是把它们做成各种美食。

从传统上来说，“鸡鸭鱼肉”是奢侈生活的标志，鸡甚至排名第一。不过，对鸡肉的喜好促使人类把养鸡这件事做到了极致，鸡肉因此变成了最廉价易得的肉，“掺杂鸡肉”甚至成了“造假”，或者至少也是“以次充好”。走地鸡与速成鸡的支持者们争论起来，跟争论豆腐脑该吃甜的还是咸的一样热闹。

当我们评价食物的时候，安全、营养、风味、价格，是四个最基本的要素。在这里，我们就从这四个方面让速成鸡和走低鸡 PK 一番。

在安全方面，速成鸡略占上风

这个论断可能让走地鸡和速成鸡的爱好者都不满。现实是，走地鸡和速成鸡存在的“风险因素”不同。不同的人对于不同风险的接受程度也不一样，这就导致了“我不喜欢某种食物，所以它就有害”的心态。

客观公平地说，速成鸡的饲养环境有规范的卫生监控，所以鸡不容易生病。此外，为了控制可能的病菌感染，养殖速成鸡往往会使用较多抗生素。当然，“抗生素抗性”对人类健康是一个巨大的隐患，所以我们要反对“滥用抗生素”。然而在很多人眼里，“使用抗生素”跟“滥用抗生素”几乎就是一回事，“使用抗生素”于是就成了速成鸡不安全的最大理由。需要指出的是，在没有更好的办法来解决养殖中的病菌问题之前，“合理使用抗生素”带来的好处依然远远大于它潜在的风险——如果只是简单地“不用抗生素”，消费者大概就需要面对携带病菌的鸡肉了。这个风险，可能比合理的抗生素残留更大。鸡饲料中的添加剂是另一个备受诟病的地方，但说起“饲料中有多种添加剂”就一脸鄙夷的人，其实并不能说出哪一种添加剂到底带来了什么安全问题。至于许多人深信不疑的“速成鸡是用激素催出来的”，辟谣已经太多，信谣传谣的人也一定看过，只不过他们还是选择坚持相信谣言罢了。

真正的走地鸡没有添加剂，没有抗生素，在许多人看来就是安全的。其实走地鸡的生长环境和饮食都充满了不确定性，是否存在安全问题也充满了不确定性。举个例子来说，欧洲的有机农场监管很规范，但欧洲的有机鸡蛋多次检测出二噁英超标。至于中国农村里四处觅食的走地鸡，其情况就更难说了。

简而言之，规范养殖的速成鸡在安全性方面获得了很好的监控，产品的安全性会有很好的保障。当然“不规范养殖”的个例可能也会有，进入市场的鸡肉可能出现抗生素残留超标的情况。其实，抗生素残留对于食用者的直接危害并不大，主要问题在于可能导致抗生素抗性的出现。而走地鸡的风险则在于不确定性——病菌感染的不确定性和污染物的不确定性，这些对于食用者的危害都是直接的。

在营养方面，走地鸡和速成鸡没有高下之分

鸡肉是一种很有营养的食物。从营养学的角度来看，人们从鸡肉中获得的营养主要是蛋白质、维生素和矿物质。根据公开报道的分析数据，走地鸡和速成鸡在这些方面并没有值得纠结的差异。

当然，这并不是说走地鸡和速成鸡没有差异。由于鸡的品种、饲养方式及生长期的不同，走地鸡和速成鸡的肉的确存在一些差别。比如说，走地鸡的肉中的胶原蛋白和弹性蛋

白比速成鸡的要多，但它们的绝对含量都不高，而且在营养上是“劣质蛋白”，多点少点并不影响营养价值；生长期长的鸡肉中呈味核苷酸的含量更高，但它们只提供鲜味，几乎没有营养价值；肥大的老母鸡脂肪丰富，可以炖出乳白浓郁的汤，但脂肪又是现代人避之不及的食物成分。

很多人相信“走地鸡更有营养”，只不过是把“香味浓郁”“口感劲道”当作“有营养”而已。

在风味方面，多数人会喜欢走地鸡

风味是人们的感官体验，不同的人会有不同的偏好。一般而言，多数人喜欢“口感劲道”“香味浓郁”的走地鸡。这是因为，劲道的口感跟肌肉中的胶原蛋白和弹性蛋白关系密切，走地鸡的生长期长，因而含量更高。鲜味的来源是谷氨酸钠和核苷酸，前者是味精，后者是鸡精的关键成分。鸡的生长期长，核苷酸的积累会更多，鸡肉也就更鲜美。此外，走地鸡会吃一些虫子、蚯蚓之类的食物，也会给肉带来一些特别的风味。

速成鸡吃的是标准的饲料，不管是玉米、豆粉还是其他的饲料成分，味道都很“平淡”。再加上生长期短，所以肉质“很嫩”。对于许多人来说，这样的风味和口感甚至都“不像鸡肉”了。

在价格方面，速成鸡完爆走地鸡

从速成鸡的鸡种到养殖环境再到饲料，都经过了极大的优化，原料成本很低。大规模、工厂化的养殖，又使得管理成本大大降低。所以，速成鸡的价格在国外往往比蔬菜还要低。在国内，鸡肉也比其他的肉便宜得多，以至于不法商贩们都喜欢用鸡肉去冒充别的肉。

而走地鸡——如果不弄虚作假的话——生长期长，要求的养殖面积大，防病难度高，自然成本就高。

鸡是走地的还是速成的都不是问题，只要不是忽悠的就好

商业环境里，商家都会夸大自己产品的优势，同时夸大竞争对手的不足。走地鸡和速成鸡之争也是如此，卖走地鸡的说速成鸡“有激素”“有抗生素”“有添加剂”“难吃”；而卖速成鸡的说走地鸡“不卫生”“弄虚作假”，把走地鸡的高价贬称为“智商税”。

其实双方大可不必如此。速成鸡的营养和安全没问题，风味不足但价格低廉；走地鸡的安全性有一些不确定性，价格高昂但风味口感更好。虽说都是鸡肉，但两者的卖点不同，针对的消费群体也不同。就像包，名牌的几千元甚至几万元一个，但在地摊上花几十块钱也能买一个，就装东西的功能

而言，它们之间并没有差别。但是，包的作用并不仅仅在于装东西，它更重要的功能是显示人们的消费层次和品位。所以，把地摊货用来买菜，用脏了就可以扔掉，很方便；把名牌包用来彰显身份，很气派。两者“各得其所”，实在没有必要争个死活。

鸡肉是一种食品，也是一种生活消费品。安全与营养是它最基本的属性，就像包的装东西的功能；而鸡肉的风味与口感，就像包的设计与做工，是更高层次的需求。至于消费“高价产品”带来的心理愉悦，走地鸡跟名牌包也是差不多类似的情况。

所以，吃走地鸡的，没有必要鄙夷吃速成鸡的“穷”“没有品位”；吃速成鸡的，也没有必要鄙夷吃走地鸡的“装”“人傻钱多”。不管是走地鸡还是速成鸡，不管是红烧还是清炖，只要不忽悠别人，不欺骗自己，就是“吃得其所”。

Rumor

什么食物能“补肾”？

“补肾”是中国传统医学或者传统文化中家喻户晓的一个概念。人们经常说某某人“肾虚”“需要补肾”“某种食物补肾”等。

那么，“补肾”到底是要补什么？那些传说中“补肾”的食物可靠吗？

首先需要强调的是，当人们说“补肾”“肾虚”的时候，指的是中国传统医学语境里的“肾”，它是一个虚化的概念，跟现代医学里说的肾完全不是一回事，仅仅是共用了一个字而已。在现代医学中，“肾”是身体内生成尿液的器官，通过肾脏的过滤，身体内的代谢产物及其他身体不需要的物质从尿液中排出，大部分水及人体需要的物质被留在人体内。此外，肾脏也具有内分泌功能，生成肾素、促红细胞生成素、活性维生素 D_3、前列腺素、激肽等。

如果是这个意义上的肾发生了病变，就会影响人体的电解质平衡和新陈代谢。肾脏的病变，需要对症治疗，仅仅靠“食补”是解决不了问题的。调整饮食，只是减少肾脏的负担，避免病情进一步恶化。这种意义上的“食补”，主要是多饮水，多排尿，这相当于降低了血液中需要过滤的物质的浓度，从而降低了过滤难度。

此外，肾结石是困扰许多人的问题。尿液中的矿物质浓度太高，超过了“饱和浓度”，于是在肾脏里结晶沉积起来，成为固体颗粒。有多种矿物质会引起结石，最常见的是草酸钙，约有 80% 的结石是由它导致的。此外，还有一部分肾结石是由磷酸钙、尿酸盐或者磷酸铵镁引起的。

为了降低患肾结石的风险，饮食方面需要注意的是：

◎多喝水。建议每天喝 10~12 杯，这里说的一杯大约是 240 毫升。喝水多，尿液就多，就会稀释其中的草酸钙等矿物质，避免它们结晶析出。

◎少吃动物蛋白。动物蛋白摄入过多，会增加尿中的钙含量，从而促进草酸钙、磷酸钙的形成。

◎少吃盐。盐也会增加尿中的钙含量。

◎少吃富含草酸的食品，如菠菜、花生、巧克力、芦笋等。

不过，通常说的“补肾”并非以上说的这些。

接下来，让我们回到通常所说的“补肾”上来。

传统医学中认为“肾”跟性能力密切相关，“肾虚”是性能力不济的根源，而“补肾”也往往是改善性能力的意思。

“以形补形”是中国传统医学中的重要理论之一，而西方的传统催情理论中也有类似的理念。西方传统的壮阳食品大概首推牡蛎，核心就在于其形状与女性生殖器的形状相似，而这种说法在中国也得到了广泛的认同。在西方，基于这种“以形补形”理论而出现的“催情”“壮阳”食品有胡萝卜、洋葱、鳄梨（即牛油果）等。在中国，腰子（尤其是羊腰子）直接被当作“补肾圣品”，而山药、虾、蟹、泥鳅等也因为形状而被认为能够“补肾”。虽然“以形补形”“吃啥补啥”的说法历史悠久，但我们需要明白：这只是在缺乏科学认知的情况下，古人的一种天真的想法，并没有任何理论与实践的依据。今天，人类对食物的营养有了深入的认识，若还相信这样的说法，实在是比古人还要天真。

“取类比象”是另一条“补肾”“催情”的理论来源。石榴因为籽多，在中国经常被寓意“多子”，而西方则直接说它可以“治疗不孕”。取类比象的经典是韭菜，因为与“久”谐音，就成了“补肾食品”。鸽子因为交配频繁，繁殖能力强，鸽子肉和鸽子蛋也被赋予了“补肾”和“改善性功能”的作用。

西方有一套“催情食品理论”，说是如果一种食物“热”“湿”“胀气”，那么它就具有催情功效。（当然，对于什么是“热”“湿”“胀气”，古人也没有明说，需要后人去揣摩。）根据这种理论，辣椒可以催情壮阳，而胡萝卜、芦笋、茴香、芥末、豌豆等也都被当作过壮阳食物。中国文化中也有类似的思路，比如羊肉、狗肉，因为吃了之后人会感到“燥热”，因此也被看作具有“补肾”“催情”的功效。

在人们对自然的认识比较粗浅的时代，人们会认为那些在不寻常的地方生长的、长相奇特的、稀有的东西具有特别的功效。这个理论会产生一些令人啼笑皆非的结果——在一个地方稀有的东西，在另一个地方可能泛滥成灾。比如胡萝卜与芦笋，进入欧洲的时间大致在16到18世纪，就因为这种思路被赋予了“催情”功能。

在中国，因为这种思路而具有“催情”“提高性能力”功能的典型，无疑是玛卡。玛卡是一种原产南美洲安第斯山脉的十字花科植物，它和萝卜属于同一科，根的形态与圆萝卜也很相似。玛卡的根在当地是一种蔬菜，人畜都可以食用。在中国，它被吹捧成“秘鲁人参”“植物伟哥”，吹得神乎其神。在相当长的一段时间内，它甚至被炒作至天价。

不仅在中国，玛卡在欧美也被吹捧成了改善性功能的神奇食物。这也吸引了一些科学家的目光。迄今为止，与其相关的主要是动物实验，只有零星几项规模很小的人体试验，科学证据的可信度很弱。纽约大学朗格尼医学中心指出，尽管玛卡总是以提高性能力的“神药”的面目出现在公众面前，但目前没有任何可靠的证据可以证明它真的有这样的好处。这种植物并不能对男性体内的激素水平产生什么影响，而传说中玛卡的各种“功能”，从文献资料来看，几乎每一项都是“没有足够的证据来支撑”的。

从植物学上来说，玛卡是萝卜的一种。作为蔬菜，它没什么不好，只是花高价指望它有“补肾”“改善性功能”的作用，未免过于天真。

最后，需要总结的是，肾是身体的一部分，不管是现代医学上的肾还是传统医学里的“肾”，指望吃什么特定的食物去“补”，都是不靠谱的。完善的肾功能来自健康的身体。要获得健康的身体，需要全面均衡的营养和适当合理的锻炼。而全面均衡的营养应该而且完全可以通过常规的日常饮食来实现。希望某种特定的食品具有特别的功效，只是给商人们提供牟取暴利的机会而已。

蔬菜、水果还是应季的好?

如今无论什么季节，蔬菜水果的品种一点都不见少。可是，有人说蔬菜水果最好吃应季的，反季节的蔬菜水果对身体有害，尤其不能给小孩子吃。

反季节的蔬菜水果在营养和食用健康方面真的有问题吗?

传统上，蔬菜水果都在特定的“时令”种植和收获，而反季节蔬果颠覆了这种千百年来的固有认知，因此让许多人感到不安。这种不安，并不是因为它们真的产生了什么危害，而是一种人们对新生事物的本能恐惧。在这种“欲加之罪”的心理基础上，也就产生了各种“有害”的传说。

“反季节蔬果”是怎么来的?

反季节蔬果的来源有三种:

第一种是异地种植,长途运输。一种植物在一个地区是“反季”的,在另一个地方却可能正当时。比如,几乎所有蔬菜在冬天的北方都无法生长,而在广东、海南等南方地区却生机盎然。借助于现代社会发达的物流建设,这些南方应季的蔬菜被运到北方,也就被北方的人们称作“反季”。

第二种是应季生长,长期保存。从前,北方人民常把大白菜储存起来吃一个冬天,这就是这类反季节蔬菜的初级形式。随着农业技术的进步,人们对蔬菜水果的保鲜储存有了非常深入的认识,通过调控存储条件,可以让它们在很长的时间内保持新鲜。绝大多数反季节水果都是这样的,比如香蕉、葡萄、苹果、梨、柑橘、菠萝……这些水果可以实现全年供应,而品质区别不大。

第三种是大棚种植。这种方式主要针对蔬菜,也是人们顾虑较多的方式。植物的生长需要适当的光照、空气、水、温度和肥料。肥料可以是土壤中的天然成分,也可以通过人工施加。所谓季节与时令,只是老祖宗们对如何利用自然条件的总结而已。现代社会,人类操控这些条件的能力大大增强,也就不用去适应植物的生长周期,而是让植物来适应人类了。大棚就是人为地设置了一个适合植物生长的局部环境，让植物按人们的需求来生长。在反季节蔬菜这个概念出现之前，人们也会一年四季发豆芽，这也算是“大棚技术”的萌芽了。

反季节蔬果与应季蔬果有区别吗？

答案是：有！

不管是异地种植长途运输，还是长期保存售前催熟，都需要在蔬果长到最佳食用状态之前进行采摘。对于蔬菜，这问题不大；对于水果，这就意味着其中各种成分的转化还没有进行完全。换句话说，它们相当于“青涩”的水果——在销售之前经过催熟，其状态跟自然成熟的可能还是有一定的差异。此外，在储存中，蔬果处于“休眠”状态，但还会有一些生化反应在缓慢发生，一些营养成分会有一定程度的下降。

对于大棚种植的蔬菜，人们可以很好地控制温度、湿度、肥料，但无法改变光照，而光照对于某些蔬菜的生长会有较大的影响，这也会导致某些营养成分的含量有所不同。

也就是说，反季节的蔬菜水果跟“应时当季”生产的的确可能存在一些不同。不过，这种不同只是其中某些营养成分的含量高低有所差异，并不意味着它们“没有营养”，更不意味着它们“可能有害”。实际上，一种反季节蔬果跟它的应季产品之间的差异，往往还不如它与另一个品种的同类蔬果之间的差异来得大。

农药残留和植物激素——妖魔化出来的“危害”

许多人对反季节蔬果的担心，还来自农药残留和植物激素。

大棚里的温度与湿度很适合植物生长，也适合细菌、真菌生长。为了控制它们，有可能施用更多农药。但需要明确的是，“需要施用农药”跟“农药残留超标”或者“有害”并不是一回事。大棚种植更容易实现规模化和规范化管理，合理规范地使用农药，完全可以在保障食品安全的前提下控制好病虫害。而且，即便偶尔遇到不法菜农滥用农药，只要自己食用前充分清洗，也还是可以规避这种本来就是“万一遭遇”的风险的。

蔬菜种植和储存之后的水果催熟，有时会用到“植物激素”。许多人看到“激素”二字，就望文生义，忧心忡忡。其实，植物激素只对植物有激素效应，对于人是完全没有作用的。担心植物激素让儿童“性早熟”，就跟担心花粉让女士们怀孕一样荒谬——要知道，花粉就是植物的精子。

“反季”的对立面不是“应季”，而是“没有”

“应时当季”的蔬果当然没有什么不好——那是人们心

目中的“金标准”，而且价格一般也比反季的便宜。但是跟反季节蔬果相比较的，不应该是“应季蔬果”，而应该是“没有蔬果”。在冬天的北方，考虑“反季”的青椒是不是相比几个月前 “应季” 的不好，并没有什么意义。我们考虑的应该是：跟祖宗们天天吃储存的大白菜与土豆相比，这些“反季”的蔬菜水果是不是更有营养、更加美味？

零食可以健康吗？

CHAPTER 3

据中国居民零食专项调查显示，60% 以上 3~17 岁的青少年每天都吃零食。但零食提供的能量和营养成分远不如正餐全面均衡，而且常吃零食会降低食欲，这让父母很为难，希望零食也能健康起来。

那么，零食可以健康吗？

传统的零食往往不健康

从词义上说，“零食”是指在正餐之间吃的小食品。有的人用它来补充能量，这对于孩子来说似乎很重要；不过，更多的人用它来解馋。换句话说，“营养全面均衡”本来就不是吃零食追求的目标。

零食的首要要求是好吃，其次是方便。

传统的零食基本上都是以“好吃”为目标的。对于多数人

虾条
薯条

来说，“好吃”意味着好的味道和好的口感。通常说的“味道”包括香味和味道。香味由食物挥发出来的气体产生，而零食一般有一定的保存期，香味并不容易保留，所以，味道也就成了零食是否好吃的关键。

口感方面，“酥脆”与“绵软”是好口感的两大方向。酥脆的口感来源于食物的低含水量。降低含水量最“简单粗暴”的方式就是油炸。淀粉类的食材经过干燥，再经油炸，就成了薯片一类的零食；或者经过烘烤，就成了饼干一类的零食。淀粉在油炸或者烘烤的高温下发生焦糖化反应，会释放出特有的香味，这更增加了这一类零食的吸引力。不过，淀粉除了提供热量，没有多少其他的营养价值。粗粮或者全麦面粉中含有一些维生素，但在高温中“损失惨重”。油炸则更是“雪上加霜”，不仅破坏了维生素，还会吸附大量的脂肪——一般的油炸食品，含有 20% 以上的油算是常态。

“绵软”的口感通常是油和糖的功劳。在含水量比较高的情况下，油、糖和淀粉“通力合作”就产生了蛋糕、月饼一类的零食。这些零食看起来一副楚楚动人的样子，但看看成分标签就会发现——它们简直可以用“浑身都是油水”来形容。

在酸、甜、苦、咸、鲜五种基本味道中，只有甜算是老少皆宜的，此外，咸和鲜也有一定吸引力，而酸只有在少数场合有一些“用武之地”，但往往也需要与甜一起出现。“不知道怎么改善味道的时候，就往里面加糖”固然是对食品行业的调侃，却也可以算是一条常见的“潜规则”。大多数传统零食的确都是高糖的。

高淀粉、高脂肪、高糖、油炸、高盐，几乎“不健康饮食”的关键词都与零食如影随形。在过去营养匮乏的年代，零食很少能吃到，这样的食品也就说不上有多大问题。但现在，食品极为丰富，这些在过去逢年过节才吃的“传统零食”进入了日常生活，如果作为“常规零食”，就会使营养失衡，从而带来很大的麻烦。人们把这些传统零食看作典型的“垃圾食品”，它们也没理由喊冤。

零食也可以做得“健康”

但“零食”这个概念并不必然是不健康的，只是过去人们对零食的追求在食物丰盛的当下不合时宜而已。随着人们对健康的关注，“健康零食”也就更多地进入了人们的视野。

一类产品是改进薯片类食品的生产工艺的结果。比如用“空气炸”的方式或者烘烤来代替油炸，这就避免了大量油的吸附，对于降低热量、减少脂肪的摄取是一个很大的进步，也使得这类零食“健康”了许多。不过，它们毕竟也还是热量高且其他微量营养成分少的“低营养密度”食品。而且，淀粉食品经过高温会产生较多丙烯酰胺，它有多大的危害不好说，但至少对健康没有任何积极意义，多了总不是好事。

在原料和制作工艺上都有改进的“营养棒”是一类新兴

的零食。这类食品出现不过二三十年，现在已经成了食品行业中增长最快的品种。一些营养棒的制作类似于中国的传统零食米花糖，用糖浆把一些颗粒状的原料粘起来。这些颗粒可以来自各种健康的原料，比如各类坚果或者燕麦。不同的原料组成和加工工艺产生了形形色色的产品，这样的产品一般走的是口感酥脆的路线。

还有一些营养棒采用粉末状的原料，口感比较酥软劲道。比如用花生酱或者类似的原料，其中可以加入大量蛋白质、膳食纤维；或者用巧克力等原料，其中也可以方便地加入维生素和矿物质等微量营养成分。这样的产品，可以把人们所需的营养成分混合在一起，成为一种“高营养密度”的食品。

实际上，营养棒这类产品已经不仅仅是零食，有的人甚至把它作为早餐。相对于牛奶，它们的营养成分甚至更为全面。还有一些生产商把高蛋白、高膳食纤维的营养棒作为“减肥食品”。

还有些健康零食则是“天然食品”，只是人们出于对健康的关注，重新选择它们而已，比如核桃、花生、杏仁、开心果、腰果、松仁之类的坚果。这些食物通常含有较高的热量，不过其中也含有不少蛋白质、纤维和矿物质等，营养密度比较高。其中的脂肪以不饱和脂肪酸为主，如果能控制住摄入的总热量，对于人体健康也有一定的好处。

还有一类健康零食就是水果了。种植和保存技术的进步，使得人们不受时令和地域的限制，随时随地都可以吃到各种各样的水果。相对于蔬菜来说，水果的含糖量一般高一些，但它们含有的维生素、矿物质、膳食纤维及抗氧化剂等，使得它们依然是膳食指南中明确推荐的食品。而作为零食，它们的味道和口感不错，既解馋，又提供热量，实在是优越的选择。

在过去，将水果作为零食保存的方式，基本上就是糖渍，比如各种蜜饯；或者晒干，比如各种水果干。除了加工过程中破坏了维生素和抗氧化成分，糖渍本身还需要加入更多的糖，这样的水果制品作为零食其实是不理想的。现在，可以通过冷冻干燥把鲜水果做成能够长期保存的零食，对维生素和抗氧化成分的破坏比较小，也就可以算是健康的零食。

吃零食不是错

很多人都有对零食的需求，尤其是孩子；零食甚至是人们一天之中很重要的补充。喜欢零食本身并不是“坏习惯”——追求不健康的零食才是。与其强迫自己或者孩子远离零食，不如积极地改变饮食喜好，去选择健康的零食。

零食只是对日常食谱的补充，没有必要去追求营养的全面均衡。只要是营养密度高的食品——一般而言，蛋白质、维生素、矿物质等这些在食谱中容易缺乏的营养成分含量高，而糖、盐、脂肪尤其是饱和脂肪酸含量低的，就可以算作健康的零食。

需要强调的是，“健康饮食”不是指吃某种或者某些特定的食物，而是指向整个食谱。零食是否健康，应该跟正餐结合起来，看看零食提供了多少热量，贡献了哪些营养成分。一天之中，在摄入的热量总和适当的前提下，各种营养成分都能满足要求，就是健康饮食，而不必纠结于某一顿吃了什么具体的食物。

击破！舌尖上的谣言

CHAPTER 4

朋友圈的经典谣言

炒豆角盖锅盖真的有毒吗?

可能很多人在微博和微信朋友圈里都见过这么一种说法:炒豆角的时候不能盖锅盖。

这一说法的理由是:豆角中含有一种物质叫作氰苷,水解之后会释放出氢氰酸,而氢氰酸是一种剧毒的化学物质。氢氰酸确实是剧毒,在战争中,这种东西是作为化学武器使用的。

听起来是不是很吓人?

但是,这种说法其实完全没有道理。豆角中的氰苷转化成氢氰酸产生危害这件事完全不靠谱,只是一种牵强附会的想象。原因有两个:第一,豆角中的氰苷含量非常低,即使完全转化成氢氰酸,含量也非常少;第二,氰苷转化成氢氰酸需要葡萄糖苷酶,而在炒豆角的过程中,葡萄糖苷酶由于加热失去了活性,也就没有能力让氰苷释放出氢氰酸。所以,从这两个因素结合来看,我们根本就用不着担心豆角中的氰苷会转化成氢氰酸。

炒豆角的时候盖不盖锅盖，根本无所谓。当然，盖锅盖也有好处，水蒸发得少，炒豆角的时间就可以短一些。

不过有很多朋友问，之前看真人秀节目，黄磊和宋丹丹确实因为吃豆角而食物中毒了，这又是怎么回事呢？

从报道中描述的反应来看，上吐下泻确实是典型的食物中毒症状，但这件事跟氰苷其实没有什么关系。根据现场情况分析，他们中毒有两种可能。

第一种可能是他们吃的豆角并不干净。如果豆角上存留很多致病细菌，他们的症状就是致病细菌引起的。

第二种可能是豆角没有烧熟。豆角中有一种成分，叫作植物凝集素，它有一个特别有趣的特征：在充分加热之后会失去活性，但是如果加热不充分，它的活性会比没有加热的时候更强。也就是说，把豆角煮到半生不熟，植物凝集素的活性会更强，更容易让人中毒。植物凝集素中毒的症状也就是他们这样——上吐下泻。

关于豆角的知识，我们再扩展一下。所有的豆角，不管是北方的还是南方的，不管是叫豆角、四季豆还是扁豆，其中都含有一定量的植物凝集素。根据品种的不同、产地的不同、采摘时期的不同，还有加工的方式不同，它的含量可能有高有低。不同的人对于植物凝集素的耐受程度也不一样，可能有的人吃了没事，有的人就“中招”了。保险起见，建议所有的豆角还是要经过彻底、充分的加热，熟了再吃。

我们说的“豆角熟了”，其实这个“熟”并没有一个客观的标准。你可以这么判断：加热到沸腾，然后再煮至少5~10分钟的时间，这样可以保证豆角的内部也充分加热了。就家常烹饪来说，把豆角加热到汤汁沸腾，并且豆角很软，吃起来不硬，就可以认为它熟透了。

黄磊和宋丹丹食用豆角中毒，可以确定跟氰苷没什么关系，但这并不是说其他食物中的氰苷就不用担心。实际上，一些食物中氰苷的含量是很高的，最典型的就是木薯。在非洲，木薯是当地人民的主粮。以前人们没有认识到木薯中的氰苷可能让人中毒，所以每年都有很多人因为食用木薯而中毒。后来，科学家们搞清楚了这个原因，并且教人们充分地加工木薯，经过不同的加工工序处理木薯使之熟透，现在，食用木薯已经普遍非常安全了。当然，中国人很少吃木薯，所以这对我们来说不是太大的问题。在日常生活中，大家能够经常接触到的木薯，可能就是珍珠奶茶中的“珍珠”——它一般就是用木薯淀粉做成的。不过这些木薯淀粉已经经过了充分加工，人们用不着担心其中的氰苷。在中国人日常食用的食物中，值得担心其氰苷成分的只有几种，最常见的是竹笋，其次是苦杏仁，还有一些如樱桃籽、苹果籽，它们的氰苷含量可能比较高。

在超市、农贸市场里，甚至微商、电商平台上，人们常看到未经加工的、带壳的竹笋。很多人觉得它很天然、纯净，可能风味会更好，于是买回来以后也没有进行充分的加热，随便煮一煮就吃了，这样就会有一定的风险。因为如果竹笋没有煮熟，就会存在氰苷。如果觉得有些竹笋尝起来有点麻、有点涩，那其中就含有一些氰苷或者其他的有毒成分。所以给大家的建议是：喜欢吃竹笋毫无问题，竹笋确实是一种非常好的食物，但在吃的时候，你可以采取两种方式来保护自己。第一种，买那些充分加热过的、已经熟透的竹笋。这样的竹笋无论怎么做，即使直接凉拌，都没有问题。第二种，如果真的非常喜欢带壳的生竹笋，那么买回来之后一定要加热透。加热到什么程度叫“透”呢？就是拿起一根竹笋，撕开以后，竹笋的内芯还是很烫，这样就能保证它熟透了。

大米里有毒是真的吗?

前一段时间有一条新闻非常吸引眼球，说英国广播公司（BBC）播放了一段节目，一位教授用几种不同的方式煮米饭，最后得出的结论是：中国人传统的煮米饭方式煮出的米饭中含有的砷最多。

这件事情让人们很担心。在更早的时候，美国食品药品监督管理局还公布过一项调查数据，他们检测了很多来自东亚和美国的大米，发现所有这些大米中都含有不等量的砷。基于这个调查结果，美国的消费者组织建议，应尽量减少吃大米及用大米制作的食品。

这对于美国人来说可能不是什么大事，但对于我们来说就太可怕了。大米是我们的主粮，很多人几乎天天都吃。

那么，大米中含有砷真的这么可怕吗？我们还是先来了解一下：砷到底是什么东西？它为什么会存在于大米中？我们到底还能不能吃大米？

砷是一种在食物和自然界中广泛存在的元素。砷有两种存在状态，一种叫无机砷，一种叫有机砷。有机砷是无毒的，无机砷的毒性比较强。

无机砷中有一种叫作砒霜，化学名称叫作三氧化二砷。多数人对它的了解可能来自《水浒传》，潘金莲毒死武大郎用的就是三氧化二砷。从这个角度来看，大米中含有砷听起来的确是挺可怕的。

那么，砷是怎么进入大米的呢？在自然界中，水和土壤里都有一定含量的砷。当然，这个含量非常低。但是水稻具有附集砷的能力——在生长的过程中，水稻从水中吸取养分，同时也会把砷吸收进来，从而沉积到大米中。最后我们得到的大米中的砷的含量，就会比自然界中的水和土壤里的要高。

这些大米中的砷，到底对我们的健康有多大影响呢？网上有一句著名的话，叫作“离开剂量谈毒性，就是耍流氓”。为什么这么说？

因为我们的身体对于这些有毒物质有一定的处理能力。国际上有一个机构，是世界卫生组织和联合国粮食及农业组织下属的一个专家组，叫“食品添加剂联合专家委员会”（JECFA），其中的专家会评估各种污染物和食品添加剂的安全性。基于他们的评估，中国制定了一个关于大米中的砷的含量的标准，是每千克大米中的砷含量不能超过200微克。这是什么概念呢？就是说如果你每天吃750克大米，它其中的砷达到最高限的话，你连续吃几十年下来，对身体都没有任何影响。这叫作“安全标准”。实际上，不管是美国的检测数据，还是中国的检测数据，大米中的砷的含量都远远低于这个 200 微克的安全标准。也就是说，即使你每天吃上几斤大米，一辈子吃下来，其中的砷对你的健康也没有任何影响。当然了，人不可能吃这么多大米，因此就更不用担心了。

目前，中国大米中的砷含量标准即是 200 微克每千克，而欧洲和美国其实没有标准。这或许是因为大米不是当地人的主粮，平常吃得少，哪怕砷含量比较高，总的摄入量也不值得担心，所以他们也就没有制定专门的标准。在中国，大米是我们的主粮，很多人每天都吃，所以大米中的砷含量就需要进行严格限定。

经常有人会问：进口的大米或者有机的大米是不是更安全，砷含量更低呢？答案是否定的。大米中的砷含量只取决于种植水稻的水和土壤，而水和土壤中的砷通常并不来源于污染，而是自然界天然形成的，或者说与地域有关。比如孟加拉国是一个工业比较落后的地方，也没有什么污染，但它的水和土壤中的砷含量就很高。历史上，孟加拉国曾经发生过大范围的大米中砷含量超标的事件。

在市场上，我们可以看到不同品牌、价格差异非常大的大米。这些价格的差异，是不是意味着安全性的不同或者砷含量的不同呢？其实也不是。因为大米中的砷来自自然界，不管怎样控制生产方式，水稻都一样会附集砷。

BBC 的那期节目是探讨如何通过烹饪来降低大米中的砷

含量。节目中建议，如果把米泡上一晚上，再把泡米的水倒掉，那么煮出来的米饭，砷含量会低一些。而我们通常煮饭的时候，是简单淘洗过大米之后就放在电饭锅里直接煮熟。这种方式会保留所有砷。砷存在于大米中，如果想要去除它，唯一的方法就是让它转移到水中，再把水倒掉。具体有两种操作方式：一是把大米泡上一晚上，让一部分砷转移到水里，把这些水倒掉以后再煮饭；还有一种是中国一些地方的传统煮饭方式，把米煮到半熟，把米汤沥掉，再把捞出来的半熟的米蒸熟成饭。

这两种方式都可以去掉一部分砷，但同时也会去掉很多可溶性营养成分。其实大米中的砷含量本来就不是太高，去不去对于健康没有很大的影响。我们在煮饭的时候，除了考虑去除砷，还得考虑是不是方便，是不是好吃。以上推荐的办法虽然能够去除一些砷，但同时也流失了很多营养成分，而且这样煮出来的饭也不是特别美味。所以我个人并不推荐大家为了去除砷而采用这样的煮饭方式。

说到营养，世界上的大米有几千种，有贵的、便宜的，有进口的、国产的，有不同品牌的、不同产地的。有人会问，那些贵的大米、好的大米，是不是营养价值就更高呢？比如一些进口的泰国香米，或者很好吃的东北大米，它们的营养价值是不是会高一些？

其实并不是。大米的营养成分最主要的是淀粉和一定的蛋白质，除此之外，还会有一些维生素和矿物质，但是含量都非常低。吃一顿大米饭，在满足了热量需求之外，摄入的维生素和矿物质其实是非常少的，对于我们的身体需求，基本上是杯水车薪，可有可无。不同品种的大米，可能这个含量高点儿，那个含量低点儿，但总的来说都很低，也就无所谓了。

现在网上还有一种说法：有一些大米是经过打磨抛光的。有人会问：那这些砷是不是在打磨抛光的过程中产生的呢?

当然不是，大米中的砷跟这些打磨抛光的操作没有关系。大米的打磨和抛光有两种情况。有一种是新鲜的大米，经过打磨抛光之后外观更好看，甚至口感也有一定改善，还有助于大米更好地保存，这样的打磨抛光是有一定意义的。还有一种打磨抛光是把那些陈旧甚至发霉的大米进行翻新，实质上是把一些劣质的原料伪装成新的卖给人们。对于这种情况，并不是打磨和抛光产生了危害，而是这种劣质的大米本身存在问题。

不想猝死，你一天只能吃一个鸡蛋？

“每天不能食用超过一个鸡蛋”一度成为社交媒体上的热门话题，传播引起的讨论之声远远盖过对这一说法的辟谣。这个说法的理论依据是胆固醇和脂肪。鸡蛋中的确含有比较多的胆固醇，一个中等大小的鸡蛋大约 50 克，通常含有 200 毫克左右的胆固醇。在这 50 克之中，大约有 37 克是水，剩下十几克的固体中大约有 5 克脂肪，不算很高，但确实也不算低了。传统的营养学观点是：胆固醇和脂肪的摄入会增加患心血管疾病的风险。以前的膳食指南对胆固醇做了一个每天摄入不超过 300 毫克的限定。这个限定标准每天只需吃一个半鸡蛋就达到了，于是就有了每天不要吃超过一个鸡蛋的说法。

随着营养学的进一步发展，越来越多的科学证据显示，我们对鸡蛋中的胆固醇和脂肪含量多虑了。虽然人体血浆中的胆固醇依然是心血管疾病的风险因素，但是饮食中的胆固醇对血浆胆固醇的影响其实很小。这是因为，人体能自动调节胆固醇的吸收——也就是说，即使食物中有很多胆固醇，吃到肚子里被身体吸收的量还是有限的。

虽然鸡蛋中的脂肪并不少，但多数是不饱和脂肪酸，不饱和脂肪酸对健康并没有明显的不利影响；而人们担心的饱和脂肪酸，一个鸡蛋中大约只有 1 克多一点。世界卫生组织建议的饱和脂肪酸控制量是每天 20 克左右，即使每天多吃几个鸡蛋，饱和脂肪酸的摄入总量也还是可以接受的。所以，就算你多吃几个鸡蛋，也不会增加你患心血管疾病的风险。

有许多人相信生吃食物更有营养。对于一些蔬菜，这种想法是可行的，但鸡蛋并不是一种适合生吃的食物。首先，鸡蛋中有一些蛋白酶抑制剂，生吃的情况下它们具有活性，能够抑制消化酶的作用；抑制了消化酶，也就减弱了对蛋白质的消化和吸收。其次，生鸡蛋存在致病细菌的可能性比较大，即使是很规范的养殖场，也不能完全避免鸡蛋感染细菌，尤其是沙门氏菌，其感染能力很强，有可能深入鸡蛋内部，清洗或者表面杀菌都不足以保证生鸡蛋的安全。因为生吃鸡蛋而感染细菌的例子，在现实生活中并不少见，比如台湾地区就有一对父母把蘸了生鸡蛋的肉给两岁的孩子吃，使孩子感染了沙门氏菌，继而引发了败血症，连续 4 天高烧 39℃，用抗生素治疗了 14 天，孩子才脱离危险。

那么鸡蛋加热到什么程度才算安全呢？判断方法非常简单，鸡蛋中的细菌，基本上都承受不了 70℃以上的加热，而在这个温度下，蛋黄也完全凝固了。所以，不管采用什么烹饪方法，只要加热到蛋黄完全凝固，也就不用担心细菌问题了。国外有一些人喜欢吃单面煎的鸡蛋，也就是所谓的“太阳蛋”，还有国内很多人喜欢的溏心蛋，蛋黄都没有完全凝固。它们固然口感不错，但是从食品安全的角度来说，还是存在一定的风险。

还有很多人纠结于怎样烹饪鸡蛋其营养损失最小。简单来说，水煮蛋、蒸鸡蛋的营养损失都非常小，而煎鸡蛋、炸鸡蛋的营养损失会大一些。不过相对于鸡蛋的总体营养价值，那一点损失其实也没有多少。如果你确实觉得煎的、炸的鸡蛋比煮的、蒸的好吃得多，那么也没有必要纠结于那一点点营养损失。

有许多人吃鸡蛋只吃蛋白。从营养角度来说，鸡蛋蛋白的氨基酸组成与人体需求很接近，因而满足营养需求的效率很高。但从全面营养的角度出发，蛋黄的营养要丰富得多。维生素D、维生素A、铁和锌等营养成分含量高的食物并不多，而鸡蛋黄是这些营养成分的良好来源。

很多年前，鸡蛋是被当作营养品而不是普通食品存在的，看望病人、老人、产妇，鸡蛋是最标准的慰问品。在物资匮乏的年代，这也合情合理。鸡蛋虽然是一种优秀的食品，但也只是优秀，而不是全能。不建议吃得过多，并不是说它有什么有害成分，而是跟其他食品一样，鸡蛋吃得多了，别的食物就会相对吃得少，也就会影响营养的全面和均衡。对于鸡蛋的正确态度是：作为多样化饮食的一个组成部分，爱吃就多吃一点，不爱吃就少吃一点，多吃几个或者少吃几个并没有太大的关系。

柿子加酸奶，剧毒组合来一套？

每当柿子上市的季节，朋友圈中就会流传一个故事：有一个小女孩吃完柿子又喝酸奶，结果不到半小时就中毒死了。除了柿子和酸奶，还有柿子和海鲜、柿子和酒等不同的版本。

柿子真的有这么恐怖的“能力”吗？这个小女孩死亡的事件是真是假？在看到可靠的媒体证实之前，我们不能判断。不过，即使真的有一个小女孩在吃了柿子和酸奶之后死亡，也还是需要法医鉴定才能找出确切的死亡原因，不能因为她吃过柿子和酸奶，就说这两样是罪魁祸首。

柿子和酸奶一起吃，到底会不会危害健康？要把这件事情说清楚，我们要从柿子中的单宁说起。

单宁不是一种物质，而是化学结构类似的一大类物质，也被叫作鞣酸、单宁酸或者没食子酸等。它们在植物中广泛存在，常见食物中的柿子、石榴、蓝莓、坚果、红葡萄酒等，单宁含量都比较高。根据在水中溶解性的不同，单宁可被分为可溶性单宁和不可溶性单宁两类。

我们的胃里有胃蛋白酶，作用是消化蛋白质。如果吃下含有大量可溶性单宁的柿子，一方面，这些单宁会与胃蛋白酶结合，让胃蛋白酶失去活性，无法再去消化蛋白质；另一方面，单宁还会与胃中的蛋白质形成不溶性的复合物，其与柿子中的果胶纤维等成分混在一起，会形成一个东西叫作“胃柿石”。胃柿石可能造成消化道的阻塞而导致腹痛。

传说中不能与柿子同食的食物，如酸奶及海鲜，都含有大量的蛋白质。如果同时吃下的柿子中含有大量的单宁，确实可能形成胃柿石。实际上，如果吃下的单宁很多，即便没有与这些高蛋白食物一起吃，也同样可能出现问题：一方面，食物在胃中有相当长的排空时间，你觉得没有一起吃，但是此前吃的食物还有一些停留在胃里，里面同样可能有蛋白；另一方面，如果胃里没有东西，也就是我们通常所说的空腹，单宁就会有更多的机会与胃壁接触，它们与胃壁上的蛋白质结合，也会导致胃不舒服。不过，胃柿石并不是致命的病症，只要及时就医，医生有成熟的方法解决问题。换句话说，遭遇了胃柿石会让你受点苦，但只要你及时就医，并不至于有生命危险。

大量的单宁会导致胃柿石，那么是不是说柿子一定不能与那些食物一起吃？

答案是不一定。因为柿子不一定富含单宁。柿子中的可溶性单宁含量相差非常大，跟柿子的品种和成熟状态有关。

柿子在生长过程中，可溶性单宁的含量先是逐渐增多，等到柿子成熟软化，可溶性单宁的含量又会逐渐下降。有一些品种的柿子完全成熟后，单宁的含量可能低到 0.1% 以下。对于那些单宁含量高的柿子，人们也有很多办法来降低它的单宁含量，在生产上，这种处理叫作脱涩。脱涩之后的柿子，单宁含量降低了，吃起来也就不涩了。

所以关于柿子，大家只需要记住一条：不要吃涩柿子。成熟的甜柿子或者经过脱涩处理的柿子，与那些高蛋白的食物一起吃也无所谓。如果是涩的柿子，与这些高蛋白食物一起吃，可能会让你“中招”；即使单独吃，也同样可能出问题。

现在我们来总结一下，与酸奶、海鲜等不能同食的，不是“柿子”，而是“高含量的单宁”。柿子中的单宁含量是高还是低，我们可以用舌头来判断，我们的舌头就是灵敏的检测器。可溶性单宁有很强的结合能力，吃到嘴里就能与舌头表面或者唾液中的蛋白质结合，生成沉淀，这会让我们的舌头发干、收缩。这种感觉就是我们通常所说的“涩味”。如果柿子中的可溶性单宁含量比较高，涩味就很明显。一般来说，在超市里销售的柿子，都是甜柿子或者经过脱涩处理的柿子。大家需要小心的，是那些自己采摘的，或者从农民手里直接购买的“原生态”的柿子。很多人觉得这样的柿子纯天然，没有经过化学处理，会更加安全和健康。这是一种理念上的误区。实际上，这种原生态的柿子恰恰可能含有大量的单宁，从而让你“中招”。如果实在要吃的话，也要有点耐心，把它们放着，等到不涩了再吃。

除了柿子，石榴、蓝莓、坚果、葡萄酒等食物中也含有较多单宁。那么这些食物和高蛋白的食物一起吃，会不会引起胃柿石之类的情况？其实不会。说它们的单宁含量比较高，是在与其他食物相比较的前提下，其实它们的实际含量远远到不了导致胃柿石的程度。

Rumor

只吃素能长命百岁?

微博上曾经有过一个传播很广的说法：人的身体构造更适合素食。这一说法受到了许多素食爱好者的吹捧，也让一些喜欢吃肉的网友心里打鼓。它的厉害之处在于列出了许多看起来真实的理由，让大家一看就产生了一种“不明觉厉”的感觉。

它的核心理由有三条：第一条是说人的牙齿和颚骨适合磨碎素食，而非撕裂肉食；第二条是说人的唾液是弱碱性的，比较难以溶解肉食；第三条是说人和食草动物都是胃的容量小，而肠子很长，适合慢慢吸收不易消化的素食，而食肉动物胃的容量大，肠子短，可以快速消化肉食，剩下没消化的残渣可以快速排出去，从而避免堆积在肠道中产生毒素。

这几条理由足以吓唬住很多人了。至于靠不靠谱，我们还是来一一评析。

首先，仅仅通过把人的生理构造跟食草动物与食肉动物相比，就得出人更适合吃什么食物的结论，不管这个结论是什么，这种论证方式本身就是错的。虽然人本质上也是动物，但是跟其他动物相比，人已经有了太多不同的生活能力和生活方式。不管是食草动物还是食肉动物，它们生命中每一天的主要活动都是寻找食物和吃食物，它们只能“靠天吃饭”，并没有多少主动的掌控能力，而且它们找到什么样的食物，就吃什么样的食物，不会选择加工、调配食物。而人类，尤其我们现代人，生命中每一天的大多数时间里都在干别的事儿，用在获取食物和吃食物上的时间与精力都只是非常小的一部分；人类还会对食物进行各种各样的加工和营养调配。换句话说，不管是肉食还是素食，人类吃的都跟其他动物吃的有天壤之别，动物们吃的草和肉跟人类吃的素食和肉食根本就没有可比性。

其次，即使按照这种比较生理结构的思路，也得不出人类更适合素食的结论。那三条理由看起来很吓唬人，其实存在着一大堆硬伤。第一，人的唾液基本是中性的，多数人偏酸，也有一小部分人偏碱，但酸性和碱性都非常微弱；第二，任何动物都不需要依靠唾液来溶解肉食；第三，食草动物的胃液的 pH 值在 4 以上，而人的胃液的 pH 值平时在 2 以下，进食之后会略升高一些，但达不到食草动物的胃液 pH 值；第四，人类的小肠远远比食草动物的要短；第五，人类并不是只能在素食和肉食之间二选一，而是素食和肉食都吃的杂食动物，这种说法其实是把非素食等同于全肉食，这种对立本身就没有什么意义。

要判断人类是不是更适合素食，还是应该去探索吃素对人体健康是不是更有好处。我们可能都听说过“素食者更加健康长寿”的说法，而这也似乎很符合人们的直观感觉。为了验证这种说法是否正确，科学家们进行了几项大规模、长时间的跟踪调查，结果发现，与社会平均水平相比，素食者的平均预期寿命确实要长一些。这个结果当然让素食推崇者们非常高兴，不过这个调查结果只是说明素食和长寿之间存在关联，并不说明素食导致了长寿。通过进一步分析这些调查数据，科学家们发现素食者的饮食一般都比较节制，抽烟喝酒的人很少，对于健康有显著影响的生活因素，比如锻炼、心态等，素食者也会普遍做得好一些。在排除了这些混杂因素之后，科学家们发现：素食这个因素对于健康长寿其实没有明显的影响。也就是说，只要在忌烟酒、饮食节制、锻炼、心态等方面跟素食者一样，那么不论素食还是杂食的人，都一样健康长寿。

理论上说，没有任何一种食物是非吃不可的，人们可以从素食中获得几乎所有需要的营养成分。一些优秀的运动员如卡尔·刘易斯就是素食者，这并不妨碍他成为历史上顶尖的短跑运动员之一。但我们更应该注意到，刘易斯这样的运动员会有专业的营养师从旁建议，即使只吃素食，他也能获得合理、均衡的营养。而对于普通人来说，通过这样的方式来实现营养均衡并不容易。

在人类所需的营养成分中，有一些在动物性食物中含量丰富，在植物中则不常见。

首先是维生素 B_{12}，它是人体生成红细胞、合成 DNA 及完善神经功能所必需的维生素，几乎只存在于动物性食物中，完全素食者很难通过天然素食来补充。更麻烦的是，它的检测并不容易。等到因为缺乏它而出现症状的时候就为时已晚了。

其次是蛋白质，蛋白质是极其重要的一种营养成分，尤其是对于婴幼儿、儿童和青少年来说。一般而言，蛋、奶、肉中的蛋白质容易消化，其氨基酸组成与人体所需的更为接近，所以被称为优质蛋白。而在常见的植物性食物中，只有大豆中的蛋白质是优质蛋白，其他植物蛋白的氨基酸组成相对差一些，不足以满足人体所需。

再次是钙、铁、锌等矿物质元素。日常饮食中，钙的主要来源是奶制品，而铁和锌在肉类中的含量比较高。如果是不排斥蛋和奶的非严格素食者，那么问题倒不大；如果是完全素食，就比较麻烦了。素食推崇者们经常说：深绿色蔬菜含有较多钙和铁，豆类含有较多铁和锌，全谷食品中也含有较多的锌。但是，它们往往与植酸、草酸等其他分子纠缠在一起，被人体吸收的效率通常是比较低的。

我们的合理食谱应该是什么样的呢？动物性食物比如肉、蛋、奶等含有大量人体需要的营养成分，然而现代人吃了太多这些食物，于是营养学专家建议人们增加饮食中植物性食物的比重。美国癌症研究协会主张：三分之二以上的食物来自植物，有利于降低癌症的发生风险。

最后总结一下：人类合理的食谱应该是杂食，以植物性食物占主导，适当摄入动物性食物；素食在理论上可以满足人体的所有营养需求，但实际上并不容易实现；成年人出于各种原因坚持素食应该得到尊重，但是让未成年人素食的做法就应该反对——对孩子们来说，全面均衡的营养是健康发育的基础。

Rumor

浓茶解酒，神药还是“坑爹”？

在日常生活中，很多人都遇到过自己或者亲人喝醉酒的情况，这时候，大家会提出各种解酒的方案，其中喝浓茶是很常见的一种。这几年，许多专家又提出：浓茶不仅不能解酒，反而会伤身。茶和酒到底会不会在体内发生交集呢？浓茶解酒这事儿到底靠不靠谱？

我们说的解酒，一般是指减轻饮酒过多产生的不良反应，比如说头痛、呕吐、动作失调、反应缓慢等。这种“看得见、摸得着”的反应，必须等解酒物被迅速吸收并且影响酒的代谢之后才能显示出来。

酒精进入人体之后会被转化为乙醛，然后转化为乙酸，最后分解为二氧化碳和水，以及一部分转化为脂肪。

如果喝下的酒精不多，这个处理流程运行良好，人体就不会有太大的反应。反之，如果短时间内喝下大量酒精，超出了这条“流水线”的处理能力，就会有一些中间产物累积下来。对于大多数人而言，是在乙醛转化为乙酸的那一步“窝工”了，导致体内乙醛含量升高。人体对乙醛比对酒精还要敏感，于是面红耳赤、头晕目眩，手脚也不听自己使唤了。

要解酒，就需要加强这条“流水线”的运行，对于多数人来说即是要解决乙醛代谢那一步的“窝工”问题。茶水中有几十甚至上百种物质,然而不管哪一种,对这条酒精代谢“流水线”的运行都无能为力。实际上，不仅茶水不行，迄今为止，科学家们也没有发现吃什么东西能够有效促进这条“流水线”的运行。也就是说，不管是浓茶还是淡茶，都是解不了酒的。

不过，这并不意味着喝茶对喝酒没有影响。我们知道喝酒过多会让我们感到晕眩、虚弱、运动能力失调，而咖啡因却可以使人兴奋和清醒。茶水中含有咖啡因，茶水越浓，咖啡因含量就越高。有一些研究显示，咖啡因能够缓和酒精导致的头痛、虚弱、口干及运动能力失调等症状。在喝酒的时候，大家往往会根据这些主观感觉来判断自己有没有喝多，而咖啡因的作用，会干扰人们的自我判断，从而会不知不觉喝得更多。

这就意味着，喝酒的时候喝茶或者喝咖啡，反而更容易让人喝得更多。更重要的是，咖啡因只是让人在主观上感觉好一些，并没有帮助人们恢复运动灵敏性。我们知道，喝酒后人的反应时间会大大延长,所以酒后不能开车。有研究显示，酒后摄入咖啡因虽然会使人在主观上感觉好一些，但刹车的反应时间还是明显比不喝酒的时候长得多。换句话说，如果酒后只是休息、聊天，那么喝一些茶或者咖啡有可能让人感觉舒服一些，但千万不要因为舒服了一些，就去做需要判断和对反应能力有要求的事情，比如开车、操作机器等。如果喝完酒想要睡觉，咖啡因就会帮倒忙，因为咖啡因在体内的代谢会受到酒精的影响，喝酒之后，咖啡因在体内积累得更多了，就让人更难以入睡。

市场上有许多宣称能解酒的药物或者保健品，为了避免反向广告效应，这里就不提它们的名称了，大家只需要记住：迄今为止，并没有任何一种号称能够解酒的保健品被证实真正有效；有时候大家觉得有帮助，实际上只是安慰剂效应；真正能够解决醉酒问题的方法只有一种，那就是不喝；即使要喝，也尽量少喝。

隔夜菜真的致癌吗?

但凡关注食品健康的人，肯定听过“隔夜菜致癌”的说法。在网络、报刊上，甚至有吃了隔夜菜的人被送进急救室的报道。许多“专家”也纷纷现身解释：隔夜菜会产生亚硝酸盐，而亚硝酸盐是一种致癌物。更有甚者指出“蔬菜每加热一次，致癌物就会增加几十倍”。那么，蔬菜中有多少致癌物？它们又是从何而来的？“隔夜”过程中到底发生了什么？蔬菜又该如何保存和食用呢？

食物中的亚硝酸盐从哪儿来?

氮是自然界中广泛存在的元素，植物的生长必须要有氮肥。植物吸收环境中的氮，通过复杂的生化反应，最终合成氨基酸。在这个过程中，产生硝酸盐是不可避免的。植物体内还有一些还原酶，会把一部分硝酸盐还原成亚硝酸盐，所以，所有的植物中都含有硝酸盐和亚硝酸盐。除了蔬菜种类本身，硝酸盐的含量还跟种植方式、收割期等因素有关。不同的蔬菜之间，不同产地、不同时节的同种蔬菜之间，硝酸盐的含量也会大大不同。

蔬菜被收割之后，硝酸盐和亚硝酸盐的平衡被打破，还原酶被释放，会有更多硝酸盐被转化成亚硝酸盐。此外，自然环境中无处不在的细菌也可以实现这种转化。

“隔夜菜”与“夜”无关

晚上炒了一盘菜，没吃完，第二天再吃，当然就叫吃“隔夜菜”。不过，正如有人问的：如果我半夜吃呢？如果我早晨炒晚上吃呢？

从食品科学的角度来说，隔不隔夜不是问题所在。问题的实质是做好的菜在保存过程中发生了什么。我们担心的，是蔬菜中的硝酸盐转化成亚硝酸盐。这个转化过程可以由蔬菜中原有的还原酶来实现，不过在菜被加热做熟的过程中，这些酶失去了活性，这条路也就被截断了。另一种途径是细菌的作用。本来蔬菜被做熟，其中的细菌也被杀得差不多了。但是在人吃的过程中，筷子上会有一些细菌进入菜中；保存过程中，也可能会有一些空气中的细菌进入。做熟的蔬菜更适合细菌“入侵”，在适当的条件下，它们会大量生长，而在它们的生长过程中，硝酸盐就可能转化成亚硝酸盐。

这样的一个过程，跟隔不隔夜无关，只跟保存条件有关。最后菜中会产生多少亚硝酸盐，首先取决于蔬菜本身；其次是做熟的蔬菜在什么样的条件下保存；第三才是保存了多长时间。

不吃“隔夜菜”吃什么？

根据前文的分析，“隔夜菜”确实是可能产生致癌物亚硝酸盐的。如果我们不吃“隔夜菜”，是不是就解决问题了呢？

那得看跟什么吃法相比。

如果我们每一次买新鲜的蔬菜都买多少就做多少、吃多少，那么不吃“隔夜菜”是有意义的。但是，如果我们把买来的蔬菜放“隔夜”之后再做，那么跟做熟了之后放“隔夜”相比，差别在哪儿呢？

一方面，生的蔬菜里的还原酶还保持着活性，它们可能继续把硝酸盐转化成亚硝酸盐；另一方面，蔬菜上的细菌依然存在，外部的细菌也依然可以“入侵”到蔬菜里。不过因为蔬菜是完整的，它们对于细菌的天然保护机制可能还在继续起作用，所以细菌的生长也可能不如在熟菜中那么“如鱼得水”。

毫无疑问，不管是做成了熟菜还是把生蔬菜放“隔夜”再做，菜中都可能产生亚硝酸盐；一旦产生，就无法去除。至于哪种方式产生得多，影响因素太多，除非针对每一种菜、每一种保存条件做实验检测，否则难以得出确切的结论。

“隔夜菜”中到底有多少亚硝酸盐?

《都市快报》曾经报道：浙江大学生物系统工程与食品科学学院进行实验，将炒青菜、韭菜炒蛋、红烧肉和红烧鲫鱼在冰箱里放置 24 小时后用微波炉加热，结果其中的亚硝酸盐含量全部超过《食品中污染物限量标准》所规定的限量标准，其中荤菜超标更厉害。具体的数字是：经过冷藏 24 小时，4 种菜中的亚硝酸盐“全部超过了《食品中污染物限量标准》的限量标准，其中炒青菜超标 34%，韭菜炒蛋超标 41%，红烧肉超标 84%，红烧鲫鱼超标 141%”。

这个新闻吓住了许多人。但是，它其实并不可靠。

新闻中引用的亚硝酸盐标准为“蔬菜每千克不超过 4 毫克，肉每千克不超过 3 毫克”。实际上，这个标准指的是新鲜蔬菜和肉类中的亚硝酸盐含量。这个限量的依据，是蔬菜和肉类中本来的亚硝酸盐含量一般不超过这个量；如果超过了，说明受到了污染。它跟最后直接食用的成品是否有害，并不是一回事。

因为国家标准不规范餐饮业中的某种物质含量，所以炒好的菜也就无所谓“标准”，“超标”也就无从谈起。如果要找一个相关的国家标准来做参考的话，应该是国家有关部门对加工食品中的亚硝酸盐残留量的限定标准。餐饮食品和加工食品都是直接食用的，两者更具有可比性。在国家标准中，熟肉制品中的亚硝酸盐残留量是每千克不超过30毫克，而酱腌蔬菜中的残留标准是每千克不超过20毫克。

暂且不讨论新闻报道中实验数据的准确性，它所宣称的“严重超标”的炒青菜、韭菜炒蛋、红烧肉和红烧鲫鱼中的亚硝酸盐含量分别为每千克5.36、5.64、5.52和7.23毫克，远低于加工食品的国家标准。也就是说，即使这些数字准确可靠，也谈不上不能吃——既然熟肉制品、酸菜、泡菜、酱菜都可以安全食用，为什么亚硝酸盐含量低得多的红烧肉、红烧鲫鱼就不能吃呢？

如何保存和食用蔬菜？

鉴于蔬菜对健康的明确好处，我们不可能因为其中“可能”有硝酸盐和亚硝酸盐的存在就不吃。现代社会的生活方式又使得很多人不可能像农民那样每顿从地里现摘蔬菜来吃。对许多人来说，买一次菜吃几天是很普遍、平常的事情，所以，保存蔬菜就成了食品健康中很重要的问题。

蔬菜中亚硝酸盐的来源是蔬菜中的硝酸盐，转化条件主要是细菌的生长，“隔夜”只是时间长短的问题。减少亚硝酸盐的产生，可以多管齐下。首先，减少蔬菜尤其是绿叶蔬菜的保存时间，提高买菜频率。其次，将需要保存的蔬菜洗净包好，可以减少其携带的细菌；做好没吃完的蔬菜，也应当封好保存在冰箱中。“隔夜”并非亚硝酸盐产生的关键，加热也不会增加致癌物的含量。当然，蔬菜中的许多种维生素在加热的时候会被破坏，多次加热的蔬菜口感和味道也会变差。从好吃的角度来说，“隔夜菜”确实不好；从营养的角度来说，多次加热也确实有一定的影响；从安全的角度来说，加热并没有什么问题。“隔夜菜”也完全没有传说中的致癌力。

“水果酵素”有神效？相当于上街撒网抓“男神”

“酵素”堪称“时尚人士的宠物”，酵素桶、自制教程等充斥于购物网站和朋友圈。传说中的“排毒”“减肥”“美容”等功效，都是让人们失去判断力的诱惑所在。

酵素真的有这些神效吗？让我们从本质说起。

“酵素”与“水果酵素”是什么？

“酵素”是个日语词汇，先被引入台湾地区，后进入大陆。在规范中文里，它早就有一个正式的名字——酶。酶是大多数生命活动中不可缺少的催化剂，各种酶的缺乏往往会带来或大或小的毛病。

“水果酵素”的制作流程大致是：把某种水果切块，加上糖，密封放置一段时间。这其实就是一个简单的发酵过程：

CHAPTER 4

外加的糖与水果中的糖分为细菌生长提供了“主食”，加上水果中的其他营养成分，水果上携带的细菌获得了可以“安居乐业”的生存空间。在细菌的代谢过程中，糖被转化成酒、乳酸、醋酸等，同时也产生了各种各样的酶。

这个过程并不新鲜。如果把水果换成青菜或芥菜，得到的东西叫酸菜；如果把水果换成多种蔬菜，并加入大量的水，得到的东西叫泡菜；如果把水果换成煮熟的大豆，得到的东西叫酱油；如果把水果换成煮熟的糯米，并加入人类精挑细选的酒曲，得到的东西叫酒酿……

准确地说，“水果酵素”是水果的发酵液，而不是真正意义上的酶。那些传统的发酵食品，经过了人们几百年甚至更长时间的摸索和试错，严守工艺的话，其产生有害成分的可能性不大。与它们相比，“水果酵素”的不确定性还要更大一些。

吃酵素有用吗?

商品营销中最常见的忽悠就是：这个东西对身体很重要，所以你需要补充。有些成分的确如此，比如维生素或矿物质，真正缺乏的人补充了就会有效。而酶哪怕是真的缺乏，通过口服来补充也没什么用。这是因为酶是蛋白质，其活性基础是蛋白质的完整结构，吃到肚子里，先是经过胃的酸性环境，然后是胃肠蛋白酶的侵袭，几乎没有哪种酶能够“保全”。

即使有极少数“保全”的，要想发挥作用，还得碰巧被直接吸收、进入血液——在科学家们证实之前，相信发酵液中存在这样的酶，跟相信拜送子观音就能怀孕并没有本质区别。

“水果酵素”里有什么？只有天知道

“水果酵素”是一堆细菌发酵的代谢产物。自然界有各种各样不同的细菌，代谢产物不尽相同。在这种“自制”的简易条件下，无法监控细菌种类，只能“靠天吃饭”，碰上哪种算哪种。如果口服酵素真的能有什么用，那么就应该担心一下：凭什么你遇到的细菌就得按你的期望，只为你生产“瘦身”“美容”“排毒”的酶，而不给你一些“长胖”“变黑”甚至“生病”的酶？要知道，不管是哪种“高档水果”，细菌们可都不“识货”，它们只认识其中的化学成分——糖、氨基酸、纤维素、矿物质……认为用的是你喜欢的水果，就能得到你喜欢的酶，基本上是童话的思路。

这就像你站在街上，拿个网随便撒——网到的多数会是路人甲，虽然可能会网到你的“男神”，但同样也可能网到坑蒙拐骗的猥琐男。而且，即便是你心仪的“男神”，也不见得愿意跟你走——就像“有用”的酶，吃到肚子里也没用一样。要命的是，你对他们完全没有分辨能力，仅仅是因为网漂亮，就相信网到的都是“男神”，而且还愿意乖乖跟你回家！

为什么有人体验到“有效”了呢?

因为无法对自制发酵的过程进行品质监控，因此有可能出现致病细菌或者有害代谢产物，人喝了之后出现腹泻的症状——很多人会把这种反应当成“排毒”“减肥”。

制作“水果酵素”的过程让人具有参与感，可能带来心理上的愉悦，而谈论、购买和服用“水果酵素”，也给许多人“时尚”“生活精致”的心理优越感。除却这些，仅仅从物质的角度来说，“水果酵素”不吃出问题就算是“人品好”了，瘦身、美容、排毒只能是纯真的愿望。要是为了营养和健康考虑，那还是直接吃水果吧。

“食物相克”？没一条是靠谱的

每个中国人都听过“食物相克”的传说，甚至在某些大学的食堂里也堂而皇之地贴着“食物相克列表”或者“食物相克图”。

食物的成分有很多种，可以互相组合发生的反应在理论上也有无数种。两种食物一起吃，引发“相克”的不良后果，在逻辑上有出现的可能。这种逻辑上的可能，也就是各种“食物相克”层出不穷的思维基础。因为这种逻辑上的可能性，再加上一些影视剧中有利用“食物相克”来“杀人于无形”的桥段，许多人也就对这些传说采取了“宁可信其有”的态度，把自己吓得战战兢兢，唯恐一不小心就把自己和家人给害了。

几个经典的“食物相克”传言

【菠菜与豆腐】

这或许是流传最广的传言。传说它们“相克”的理由是豆腐中的钙和菠菜中的草酸会结合，生成不溶性的草酸钙，在体内形成结石。

这个化学反应确实存在。不过，如果我们吃下去的菠菜和豆腐真的生成了草酸钙，就会形成结石吗？

答案恰恰相反。如果单独吃菠菜，那么草酸就会被人体吸收，然后进入肾脏。肾脏中也有钙，如果浓度足够高，草酸就可能与它们结合，沉积下来形成结石。当然，对于肾脏功能健全的人来说，这些草酸能被处理掉，也就用不着担心；但对于那些肾脏功能不健全或者本来就有肾结石的人来说，菠菜中的这些草酸就是“雪上加霜”了。而菠菜和豆腐如果反应形成了草酸钙，就不会被吸收，而是直接排出，这个反应相当于消除了草酸对肾脏的可能伤害。

豆腐和菠菜一起吃，如果两者不发生反应，那么就没有什么损失，跟分别吃豆腐和菠菜一样；如果两者反应导致钙不被吸收，虽然损失了豆腐中的钙，但也减少了草酸对肾的可能伤害，反倒更为划算。

【豆浆与鸡蛋】

“豆浆与鸡蛋”相克的理由有两种：一种是“豆浆中有胰蛋白酶抑制物，能够抑制蛋白质的消化，降低其营养价值”；另一种是“鸡蛋中的黏性蛋白与豆浆中的胰蛋白酶结合，形成不被消化的物质，大大降低其营养价值”。

大豆中的确含有一些胰蛋白酶抑制物，其用处是抑制胰蛋白酶的消化作用，从而抑制对蛋白质的吸收。将豆浆煮熟的作用之一就是破坏胰蛋白酶抑制物的活性。只要豆浆煮熟了，它的活性也就被破坏了，也就不会影响对任何蛋白质的吸收；如果豆浆加热不足，它没有被充分破坏，那么不仅是鸡蛋，豆浆内蛋白质的消化吸收也会受到影响。

所谓“黏性蛋白与豆浆中的胰蛋白酶结合”纯属以讹传讹。胰蛋白酶是人体或者动物的胰腺分泌的酶，作用是分解蛋白质，在植物中并不存在，豆浆中自然也不会有。

【维生素 C 和海鲜】

“维生素 C 和海鲜相克”的理由是海鲜里的五价砷会被维生素 C 还原为三价砷，从而使人中毒甚至死亡。

实际上，海鲜里的砷主要以有机砷的形式存在，无机砷的含量在海鲜里所占的比例很低，其中多是五价砷，少量是三价砷。有机砷对人体无毒，五价砷在特定条件下有可能被维生素 C 还原为毒性大的三价砷。但人体不是化学反应器，这个反应在体内条件下能否发生、反应效率如何，都不可知——按照最坏的情况来估计，砷含量超标几倍的海鲜，其中的无机砷完全转化成三价砷，也得人一下子吃下几百公斤海鲜才能中毒致死。

【海鲜与啤酒】

所谓“海鲜与啤酒相克”是说同食海鲜与啤酒会导致痛风。其实海鲜和啤酒分别都是痛风的风险因素，混在一起吃并不会生成有害物质，只是两种风险因素叠加了而已。这就类似于米饭和馒头一起吃会更容易撑着。

有靠谱的“食物相克”的例子吗?

不管辟过多少条“食物相克”的谣言，人们还是会问“那 ×× 和 ×× 一起吃呢”。

从理论上说，本来无毒的两种东西碰到一起，需要发生复杂的反应才可能生出毒性来。人体不是一个合适的化学反应器，而烹饪、混合或者同时吃进肚子，食物成分之间发生的反应都很简单。在这样的条件下生成有毒物质，人类历史上还没有发生过。

即便是一些在“理论上可能”发生并产生毒性的反应（比如五价砷转化为三价砷），食物中的反应物也非常少，即便是全部转化（再次强调，这也只有理论上的可能，实际上并没有被发现或者证实过），也远远到不了产生毒害效果的地步。而食物中的各种常规成分，都不具有这样的“理论可能性”。

很多所谓的“相克”，仅仅是一些食物成分之间发生反应，生成的产物不能被人体吸收而已。这些不能吸收的东西会随着肠道排出去，可能在过程中会影响某些营养成分的吸收，但并不会像传说中的那样，导致“有毒物质出现”。甚至还存在菠菜和豆腐的情况：发生反应的原料之一可能对健康不利，但通过这样的反应被去掉了，反而成了一件值得庆幸的事情。

广为流传的“食物相克”传说几乎都被解析过，甚至还有科研机构就其中的一些进行过人体试验，从来没有发现哪一种搭配真的能产生毒性。

最近还流行一个“冬枣与香蕉不能一起吃”的说法。实际上只是两者一起吃味道很怪异，并不是生成了有毒或者有害的物质。不同的食物搭配在一起“很难吃”或者“很好吃”的例子都有很多，它们跟所谓的“相克”完全是两码事。

简而言之，只要是单独吃没有问题的食物，怎么搭配组合都不会产生毒性。或许有的搭配可能对个别营养成分的吸收有一定影响，但就像烹饪可能导致一些营养成分的损失一样，并不值得人们纠结。

击破！舌尖上的谣言

CHAPTER 5

告别人云亦云，这是你应了解的常识

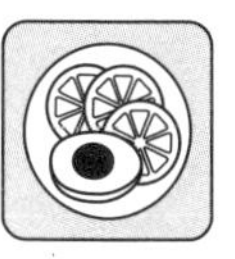

凛冬将至，该喝什么茶？

随着人们对健康的关注，纯粹追求风味、口感的糖饮料逐渐淡出了许多人的生活，尤其是时尚人士们。越来越多的人转向那些传说中有利于减肥、美容的饮料，比如茶。茶商们宣称这种茶有这种功效、那种茶有那种功效，各种功效天花乱坠，让人目不暇接。

许多人经常有这样的纠结：秋冬到了，该喝什么茶好呢？我们经常看到这样的说法——春天要喝花茶，喝花茶可以散去冬天人们体内积攒的寒气；夏天要喝绿茶，绿茶可以清热解暑；秋天则要喝乌龙茶，能够消除人体内的余热；而冬天要喝红茶，可以暖胃、补身体。人们总是在说，某某茶性寒、某某茶养胃、某某茶降血脂、某某茶抗癌……

其实，这些说法虽然流传很广，许多资深茶客也经常挂在嘴边，但并没有什么科学依据。作为喝茶聊天的谈资，随便说说倒也无伤大雅，但要是当真——“你就输了”。

茶中所谓伤胃、具有刺激性的物质，主要是指茶多酚和咖啡因。茶多酚是涩的，咖啡因是苦的，但茶多酚和咖啡因又偏偏是茶中的活性物质。咖啡因对中枢神经有短暂的兴奋作用，从而可以促进胃酸的分泌和胃肠蠕动，当胃中没有食物的时候，分泌过多的胃酸会刺激胃黏膜，引起不适；而咖啡因除了神经兴奋作用，对于心血管健康也有一定的保护作用。茶多酚具有抗氧化性，通常所说的茶的保健功效，多数都是基于茶多酚的。

按照加工工艺的不同，茶通常可以分为六类：绿茶、黄茶、白茶、乌龙茶、红茶和黑茶。每类又有各种不同的风格，从而形成了“千姿百态”的茶。其实它们之间的差异，就相当于用白菜做出来的不同菜肴，如清水煮白菜、醋熘白菜、酸辣白菜等。不同的茶所用的原料的差异，只是不同品种、不同的采收时间而已，并不比不同白菜之间的差异更大。

人们把茶做成各种形式，其实是为了解决风味上的问题。比如绿茶通常选用嫩芽和嫩叶，人们通过杀青阻止它们发生变化，在冲泡的时候，各种物质一股脑进入茶水中。由于嫩叶中的咖啡因含量高，绿茶一不小心就会被泡得又苦又涩，许多人就会感觉它刺激性强，甚至伤胃。所以，绿茶的冲泡技术是很重要的，高品质的绿茶，在水温、茶叶量和冲泡时间合理的条件下，进入茶水中的咖啡因会降低，其他那些香味物质的作用会充分发挥，从而得到风味、口感良好的饮料。在绿茶的加工过程中，杀青阻止了茶叶中的茶多酚等物质被

氧化，但是茶多酚被氧化是它们的“天性”，在储存中，氧化还是会缓慢地发生。以前没有低温储存条件，再好的绿茶放到秋冬，风味和口感也变得相当差了，也就形成了“秋冬不适合喝绿茶”的说法。而现在，我们可以轻松实现密封包装、低温储存，把绿茶放到冬天，依然可以保持其优良的品质。而红茶、白茶和黑茶都经过了充分的氧化，茶多酚转化成了茶黄素和茶红素。茶黄素可以和咖啡因形成络合物，从而产生鲜爽的口感。跟绿茶相比，这些茶不容易出现强烈的苦涩味；在主观感觉上，刺激性小，也就被大家当作“养胃”了。

不同的茶，虽然其中的活性物质有所不同，但只是这种多点儿、那种少点儿的差别，在生物活性上并没有多大的差别。不管是天然的茶多酚，还是氧化而成的茶黄素、茶红素，都有很好的抗氧化性能。所以，想把茶作为健康饮料来喝的人没有必要去纠结什么季节喝什么茶的传说，也不必在乎传说中茶的不同功效，选择自己喜欢的、符合自己消费水平的茶就好了。

关于喝茶，大家可能还有许多问题，这里来解答几个比较常见的。

喝茶能够“刮油”、促消化吗？

饭后喝茶能否促进消化或者实现日常生活中所说的“刮油”，是一个很有争议的话题。茶中的咖啡因能够促进胃酸与胃液的分泌，而喝茶的同时吸收的水，也有利于食物与消化液更好地混合。或许这会让人感觉舒服一些，因而产生了喝茶“刮油”、促进消化的感觉。不过，指望通过喝茶来清除体内的脂肪是不切实际的幻想。

吃完肉喝茶是否不利于消化?

这种传说大致是说肉里有很多脂肪，而喝茶会稀释消化液，从而影响对脂肪的消化。这是一种想当然的推测。就像上文所说，茶里的咖啡因会促进胃液与胃酸的分泌，而茶水会使得消化液更容易与食物充分混合，或许还能有助于消化。

喝茶能否补充维生素?

这种说法，大概来源于内蒙古和西藏的同胞。他们习惯于把茶加到食物中，而这些地方以前缺乏蔬菜，所以当地的人靠茶来补充维生素。其实茶的鲜叶在经过各种工艺制成茶叶的过程中，各种维生素几乎完全损失掉了。所以，喝茶是补充不了维生素的。

对于经常对着电脑的人，喝茶有没有好处呢?

跟不喝水或者喝各种碳酸饮料、含糖饮料相比，任何人喝茶肯定都有好处。整天对着电脑的人运动量小，更需要控制摄入的热量。茶作为一种无糖、无脂肪、无热量的饮料，很适合不怎么运动的人用来补充水分。另外，茶中含有的咖啡因和抗氧化剂对于健康也是很有好处的。

如何泡茶？有没有什么讲究？

泡茶很简单，把茶叶放进水里就可以了；泡茶也很复杂，要把茶泡得好喝，跟烹饪一样，是一门技术。如何泡茶是一个非常大的问题，光是这个问题，就能说上很久，这里只能粗略地说重点：第一，纯净水最适合泡茶，矿泉水和自来水中含有较多离子，它们会抑制茶中物质的溶出，从而影响茶的风味和口感；第二，水的温度对茶的香气和口味有直接的影响。水的温度、茶的种类、茶叶与水的比例、浸泡的时间是决定茶是否好喝的四个关键因素，如何掌握它们，泡出比别人泡的更好喝的茶，需要专门的学习和不断的摸索。

身体隐患多，因为体质酸？

在很多食品、保健品的营销中，商家都宣称酸性体质是“万病之源”；人体如果是碱性的，就是健康的，如果是酸性的，就容易得癌症。然后再宣称自己卖的是碱性食品或者碱性保健品，服用后可以改变酸性体质，从而保证健康。

许多医学专业人士表示，酸碱体质完全是个“伪科学”的概念。而营养专家又说，食物代谢之后，确实形成了酸性或者碱性的产物，所以食物确实有酸碱性的区分。

看到这些说法，你是不是一头雾水呢？食物到底有没有酸碱性？如果有的话，它对于健康又有什么样的影响呢？这里我们就来把这个问题梳理清楚。

我们先从人体的酸碱性说起。我们的身体内时时刻刻都在进行着无数个生化反应，每一个反应都需要特定的酸碱环境。在科学上，酸碱性用 pH 值来表示。pH 值在 0~14 之间，数值小代表酸性，数值大代表碱性，中间的 7 表示中性。

血液对于生命活动的进行至关重要，它的 pH 值非常精确地维持在 7.35 到 7.45 之间。偏离了这个范围，不管是高还是低，生命活动都无法正常进行。这个 pH 值范围属于弱碱性，所以如果宣称要维持人体的弱碱性，也没有什么不对。

医学专业人士说酸碱体质是“伪科学”，又是怎么回事儿呢？任何水溶液中都存在氢离子和氢氧根离子，它们是一对“冤家”，一个多了另一个就少。溶液的酸碱性是由它们的浓度来决定的。在溶液中加入酸，氢离子的浓度就会提高，pH 值就会降低；加入碱，氢氧根离子跟氢离子结合变成了水，氢离子就减少了，pH 值就会升高。有一些物质，对于外加的酸碱有一定的缓冲能力，含有这样的物质的溶液被称为缓冲溶液。在缓冲溶液中，不管是加入酸还是碱，只要加入的量不是太大，溶液中的氢离子的浓度都不会有明显改变，pH 值也就基本稳定不变。我们的血液就是这样一种缓冲溶液。它不停地循环，在肺部进行氧气和二氧化碳的交换。二氧化碳溶于血液形成碳酸，如果血中的碳酸少了，就会有更多的二氧化碳溶解到血液中；如果多了，溶解的二氧化碳就会跑掉一部分。除此之外，肾脏会对血液进行过滤，不管是酸还是碱，含量高了，都会被肾脏滤掉一部分。在这样的作用机制下，人体血液的 pH 值控制在 7.35~7.45 这个非常精确的范围。不管我们吃什么食物，都会被缓冲掉，而不至于改变血液的酸碱性。所以说，所谓的酸性体质其实并不存在。如果一个人的血液变成了酸性，那么他即使还活着，也已经病入膏肓。

虽然说食物改变不了血液的酸碱性，但是如果我们把食物烧成灰，再把灰溶解到水中，会发现不同食物的灰的确有的是酸性，有的是碱性。营养界人士认为，那些灰是酸性的食物在体内经过代谢之后，其产物会增加血液的酸性；而灰是碱性的那些食物，代谢之后其产物会增加血液的碱性。这就是划分食物酸碱性的依据。一般而言，肉、蛋等高蛋白食物和米、面等高淀粉食物中含有较多硫、磷等元素，代谢之后会生成酸性物质，而蔬菜、水果、奶等食物含有较多钾、钙等矿物质，代谢产物的碱性就会比较强。

如果一定要按照这种标准去划分的话，食物也是可以划分成酸性和碱性的。而且按照这种标准划分出来的碱性食物，比如水果、蔬菜、奶等，正是通常营养学家们推荐大家多吃的健康食品；而酸性食物，比如肉、蛋、淀粉类正是营养学家们推荐大家少吃的食品种类。“酸碱食物说”的流行，或许也与专家推荐不无关系。

不管是酸性食物，还是碱性食物，在正常人的饮食范围内，都不会改变血液的酸碱性。20 世纪 30 年代就有学术研究探讨过这件事：橘子、牛奶、香蕉都是典型的碱性食物，哪怕是让试验者一次喝下一升橘子汁或牛奶，或者吃下一斤香蕉，都没有观测到其血液的 pH 值发生变化。

简而言之，如果非要根据代谢产物的酸碱性来划分，确实可以把食物分出酸性和碱性来，但是这种区分并没有什么意义。作为碱性食物的蔬菜、水果固然应该多吃，而作为酸性食物的肉类和蛋，也是均衡营养不可或缺的部分。而那些打着“调节酸性体质”的广告语的保健品，既然连理论基础都是“伪科学”，其产品也就完全是骗人的了。

Rumor

恐怖的“夺命碗”，仿瓷餐具的是是非非

朋友圈里曾疯传一个“夺命碗”的故事，说是有一名1岁多的孩子被确诊为淋巴性细胞白血病，而她的父母双方家族里并没有白血病的遗传病史，所以，他们认为这孩子得白血病是和吃饭所用的仿瓷碗有关。

这件事情传播开来，很多人就把仿瓷碗称为“夺命碗”。

无论如何，这个可怜的孩子和她的家庭遭遇到这种不幸，确实值得同情；她的父母把得病原因归结于孩子的某一种生活方式也可以算是人之常情。媒体也确实报道过仿瓷餐具不合格率极高的新闻。

仿瓷餐具真的有这么恐怖吗？为什么国家还允许它生产销售呢？

“仿瓷餐具”其实是一个俗称。在国家标准中，它的规范名称是“三聚氰胺—甲醛树脂餐具”。这类餐具所用的材

料是由三聚氰胺和甲醛聚合而来的高分子聚合物，通常称为“密胺树脂”，简称 MF。

三聚氰胺和甲醛这两个词大家都不陌生，它们都是大家很反感的化工材料。不过它们聚合之后得到的密胺树脂，已经跟它们聚合之前的单体完全不同。这种树脂有很好的耐热性和化学稳定性，做成的餐具比玻璃餐具和陶瓷餐具要轻，也不易摔坏，所以很适合作为儿童餐具。仿瓷餐具也不是中国的特产，它们在世界各地都广泛存在。

当然了，高分子材料中可能存在着一些小分子，在使用过程中会迁移出来。通常说的高分子材料的安全性，小分子物质的迁移亦是其中非常重要的一个因素。而聚合密胺树脂的三聚氰胺和甲醛都“臭名昭著”。

一种高分子材料被允许用来制作餐具前，都要经过严格的检测——在很极端的条件下，比如说高温、酸性、碱性，以及长时间地盛放食物，检测迁移出来的小分子物质的量。对于三聚氰胺，世界卫生组织设定的安全标准是每天每公斤体重 0.2 毫克。检测结果显示，从密胺树脂中迁移出来的三聚氰胺最大的可能量，也远远低于这个安全标准，所以完全不值得担心。

甲醛的情况则要复杂一些。甲醛具有挥发性，我们都听说过，许多建筑和装饰材料可能释放甲醛。通常所说的安全标准，是指空气中的甲醛含量。如果空气中的甲醛含量过高，人们通过呼吸就会摄入较多，对健康就可能产生较大影响。

新装修的房子要保持相当长时间的通风，让甲醛散去，也就是这个原因。

大家对甲醛的担心，其实是针对空气中的甲醛，但甲醛会在植物的正常代谢中产生，所以，食物中也会天然存在一定量的甲醛。水果、蔬菜、肉类、鱼类、甲壳类等食物中，往往有每公斤几毫克到几十毫克的甲醛，最高甚至可达几百毫克。而由仿瓷餐具中迁移至食物的甲醛，达到这种量的可能几乎不存在。国际上对于仿瓷餐具中迁移出的甲醛甚至没有进行限定，不过在中国，是有国家限制标准的。这是一种出于谨慎的保护，并不意味着“超标了就会致癌”；这个限制标准的作用，在于促使生产企业尽量降低可能迁移出的量。

总而言之，合格的仿瓷餐具迁移出的小分子物质远远到不了危害健康的量。把患白血病归结于仿瓷碗，只是遭遇不幸之后的一种情绪宣泄，并不具有科学上的合理性。

我们强调购买合格的仿瓷餐具，不过在市场上，确实也有很多不合格的仿瓷餐具。因为密胺树脂比较贵，所以合格的仿瓷餐具成本就比较高。不法生产者为了降低成本，可能采用其他的廉价原料来制作仿瓷餐具。有一类是使用脲醛树脂。脲醛树脂也是一种常用的高分子聚合材料。它是用尿素和甲醛聚合而成的，简称 UF。这种树脂主要用于日用生活品和电器零件，以及板材黏合剂、纸和织物的浆料、贴面板、建筑装饰板等。就这些用途，脲醛树脂的稳定性可以满足使用需求；但如果作为餐具，它的甲醛迁出率就太高了。所以，国家规定不允许用脲醛树脂来制作餐具，所有用它制成的仿瓷餐具都是非法产品。

市场上还有一些原料是密胺粉加入了其他填料。这些填料的加入降低了成本，也破坏了密胺树脂的稳定性。用它们来制作餐具，外观上跟合格的仿瓷餐具一样，但它们有很高的甲醛迁出率，所以也不符合国家标准。市场上的密胺粉有 A1、A3 和 A5 等分类，只有 A5 才是纯的密胺树脂，能够满足仿瓷餐具的安全性要求。

跟玻璃餐具和陶瓷餐具相比，仿瓷餐具有它的优势，合格产品也不会危害健康。但是对于消费者来说，市场上很多不合格仿瓷餐具无法通过肉眼来分辨。如果需要购买，那么应该注意以下两条。

第一，价格贵的不见得一定是合格产品，但价格便宜的一定不是合格产品。

第二，尽量在大商场购买厂家信息齐全的产品。一般而言，大商场对于货源有更好的掌控，厂家信息齐全意味着“职业打假人”追溯打假较为方便，厂家捣鬼的可能性也就比较低。

如果要使用仿瓷餐具，也应该注意以下几点。

第一，只用仿瓷餐具盛装一般食物。在冰箱的冷冻温度和水沸腾的温度之间，仿瓷餐具都没有问题。但如果是滚烫的油，温度就太高了，不应该用仿瓷餐具盛装。

第二，微波炉或者烤箱可能出现局部高温的情况，所以不应该把仿瓷餐具放进微波炉和烤箱，更不能把仿瓷餐具放在火上直接加热。

第三，酸性强的食物会提高密胺树脂中甲醛的迁出率，所以不要用仿瓷餐具长时间地盛装碳酸饮料、果汁、酸奶、酸菜等酸度高的饮料和食品。

在生活中，我们会用到许多塑料瓶。关于什么塑料瓶可以装什么食物，什么塑料瓶可以放进微波炉加热，经常有文章建议通过瓶底的标志来判断。在塑料瓶瓶底，通常有一个三角形，其中有一个数字，有的人称它为“毒性密码”。其实，这个数字是表示塑料瓶的材料分类，主要是方便回收的。不同材质的塑料瓶确实有不同的适用范围，比如只有 5 号塑料，也就是聚丙烯塑料，才有可能做成可微波加热的塑料容器，而 1 号 PET 塑料瓶就只适用于装常温饮料，不能承受高温。

不过，作为消费者，我们其实没有必要去记住这些不同数字所表示的材质及其使用范围。大家只需要记住：正规厂家使用的塑料瓶都会符合使用规范，我们不要把它们用在其他的地方就可以了。比如，矿泉水瓶就只用来装常温或者低温的水，不要用来装开水；而要放进微波炉加热的塑料容器，一定得是注明了“可微波加热”的种类，即便是 5 号塑料，如果没有注明“可微波加热”，也同样不应该放进微波炉。

在路边摊上，摊主经常用塑料袋套住餐盘或者碗来盛装食物。许多人会问：这样做对身体有害吗？从理论上说，有符合食品标准的、能承受食物温度的塑料制品存在。但是问题的复杂性在于：我们无法知道摊主所用的塑料袋是符合食品标准的合格产品还是劣质产品，或者是压根不应该用于食品的“非食品级”产品。不过，路边摊可能存在着食材来源不可靠、保存条件不合格、操作不卫生等更普遍、更严重的风险，相比之下，塑料袋的风险还不是最大的。换句话说，在路边摊可能存在的安全风险中，塑料袋的问题并不是最严重的；如果你都愿意选择路边摊了，那么塑料袋的问题也就没多大必要去纠结了。

吃什么使你的牙失去了洁白?

古人形容美人,很关键的一条是“明眸皓齿”。光洁的牙齿是美丽的标志,而牙齿的变色,不管是变黄、变棕、变黑还是变成什么别的颜色,都会让人感到不美观。

怎样才能有一口光洁如玉的牙齿呢?

影响牙齿颜色的因素很多。我们不得不面对这样的现实:有一些因素是我们无法改变的,比如遗传和疾病;有一些因素是我们无可奈何的,比如一些药物的作用——真到了必须服用某种药物才能治病的时候,我们总不能为了避免牙齿变色而不去治病。

不过呢,还是有一些因素是我们能够控制的。这里就来介绍一下饮食对牙齿变色的影响。

我们的牙齿上有许多细菌,有一些细菌能产生色素,这些细菌越多,产生的色素也就越多——天长日久,色素慢慢渗入牙齿,就影响了牙齿的颜色。细菌的生长离不开“菌种”

和养分——我们吃的食物，尤其是糖，以及附着在牙齿上的食物残渣，就是细菌的“美食”。

细菌对牙齿的影响不仅仅在于产生色素，它们还会产生黏液。这些黏液附着在牙齿上，对食物和饮料中的色素就有了更强的吸附能力。而这些被吸附了的色素也会慢慢地渗入牙齿。除此之外，细菌还会分泌酸性物质，对牙齿表面产生腐蚀。被腐蚀的牙齿表面变得粗糙，也增强了对色素和食物残渣的吸附能力。

细菌产生的酸可以腐蚀牙齿，食物饮料中的酸同样会腐蚀牙齿，比如碳酸饮料、果汁和某些水果。

也就是说，那些含糖的或者酸性强的食物及饮料，都会增加牙齿变色的概率。而那些既不含糖也非酸性的食物和饮料又如何呢？比如茶和咖啡。

茶和咖啡中含有许多抗氧化剂，比如多酚化合物。多酚化合物抗氧化的方式是面对氧气的时候“牺牲自己”先行被氧化，从而保护人体不被氧化。换句话说，多酚化合物自己是很容易被氧化的。而其一旦被氧化，形成的产物也会聚集成色素沉积下来。所以，咖啡和茶也有导致牙变色的能力。葡萄酒，哪怕是无色的“干白”，也含有多酚化合物，也具有使牙变色的能力。

实际上，不仅是茶、咖啡和葡萄酒，但凡那些“健康”的蔬菜水果，往往也都含有很多多酚化合物。这些多酚化合物本来就是它们之所以成为“健康食品”的原因之一。对于人体的整体健康，它们是好的；但对于保持牙齿的颜色而言，它们就是“反派”了。

除了碳酸饮料、高糖食品这些“名声本来就不好”的不健康食品，水果、蔬菜、茶、咖啡这些相对健康的食物也会促进牙齿的变色。我们可以拒绝那些不健康的饮食，但要为了保持牙齿的美白而拒绝各种健康的饮食，就是因噎废食了。

那么，有什么办法可以降低它们对牙齿的不利影响呢？根据它们各自导致牙齿变色的机制，以下是我们可以努力的地方。

◎用吸管喝饮料。通过使用吸管，让饮料越过牙齿——减少了它们与牙齿接触的机会，也就减少了它们对牙齿的侵袭。当然，用吸管喝热茶、热咖啡和葡萄酒，大概是件很怪异的事情，不过冰茶、果汁之类的，还是可以一试的。

◎减少食物的咀嚼时间。咀嚼时间越长，那些多酚化合物跟牙齿接触的时间就越长，也就越容易被吸附。不过，有很多食物又需要充分的咀嚼来帮助消化，或者保证人们享受到美味——总之，这是个权衡取舍的问题。好在那些富含多酚、酸性较低的水果，比如各类浆果，一般也不用咀嚼太久就能充分破碎，减少它们在口腔里的时间还是可以尝试的。

◎用餐、喝饮料后及时漱口。通过漱口，及时把牙齿上的食物残渣、饮料残留清除，这是非常有效的做法。需要注意的是，这里说的是漱口，而不是刷牙。一是因为随时刷牙并不方便，二是当酸性物质附着于牙齿上时，刷牙容易造成对牙齿的磨损，所以用水漱口反而更加合理。

◎每天早晚刷牙。刷牙可以大大减少细菌和其他物质的附着及沉积，这不仅减少了牙齿表面附着的色素，而且减少了附着的细菌，相当于减少了“菌种”——“菌种”少了，产生的代谢产物自然也就少了。

◎定期护理牙齿。刷牙并不能全面充分地去除牙菌斑，定期检查、护理、清洗是更加积极有效的手段。每个人的牙齿状况不同，合适的护理手段也不见得相同。具体到个人采取什么样的方式，还是应当咨询牙医，根据自己的实际情况，采用合适的方案。

除了饮食因素，还有一个影响更大的非饮食因素——抽烟。香烟中的各种成分简直就是“超级武器”，使牙齿变色的能力秒杀其他各种饮食因素。当然，抽烟最大的危害是十几倍甚至更多倍的肺癌风险——为了抽烟连肺癌都不怕，牙齿变不变色也就无所谓了。除了抽烟，嚼槟榔的情况也类似——增加患癌风险，导致牙齿变色。

如何去除蔬果上的残留农药?

现代农业能为我们提供极丰富的蔬菜、水果，原因在于育种、化肥和农药三大技术的突飞猛进。说起农药，大家往往想起电影电视中农村妇女喝农药自杀的情节。随着人们越来越关注健康，水果、蔬菜上的农药残留也就越来越引起人们的忧虑。山东曾发生 100 多只羊因为吃了含有违禁农药的大葱而死亡的事件，更加引起了人们的深深忧虑。

当然，这一事件中的农药是禁用的，犯罪嫌疑人也已经被警方拘捕，而羊之所以死亡，除了这些大葱含有高浓度的违禁农药之外，还跟食用量很大及没有清洗有关。要避免这种恶性事件，首先是要规范农药的使用。

其实“农药”是一个很宽泛的概念。有的人把肥料之外的所有农用物质都当作“农药”，而有的人只把化学合成的、用于抗虫杀菌的药物叫作“农药”。

不管是按照广义的还是狭义的概念，农作物种植中使用的农药种类都极为繁多。新闻媒体上也经常出现“某某果蔬上检出多少种农药”的报道。

在讨论如何去除这些农药残留之前，需要先明确两条常识。

第一，蔬菜水果中“检出农药残留”，跟这些蔬菜水果会“危害健康”不是一回事。任何农药都需要达到一定的量才会产生危害。这个“不产生危害的量”由国家标准来进行规范。这个标准的设定已经留了很大的安全余量。它的含义是：只要不超过这一上限，哪怕是天天吃，吃到撑着为止，一直吃上几十年，也不会增加患病风险。

第二，“有多少种农药”跟“有害剂量”也是两回事。不同的农药是针对不同的虫害或者病害的，作用机制一般不同。即使同类农药，它们的作用会累加，也还是根据“残留量有多大”，而不是根据“有多少种”来判断是否有害的。也就是说，如果每种农药的残留量都低于国家标准，那么危害可以忽略；如果残留量超标，那么即使只有一种，也是不合格产品。

当然，毕竟农药对于人体没有任何好处，我们还是希望尽可能降低它们的存在。从技术发展的角度来看，开发毒性更低的农药、规范生产中的使用，是解决农药残留问题的根本途径。

而对于消费者来说，当我们面对手中的水果、蔬菜时，有哪些方法可以去除“可能存在”的农药残留呢？

科学界对此进行了许多研究。各种农药的特性不同，而任何去除方法都是针对某一特性的。也就是说，对一些农药有效的去除方法，可能对另一些农药无效。要想找到一种能去除所有农药的“万能”方法，基本上是无法实现的。

通过梳理大家在日常生活中可能听说过的去除农药残留的方法，可以将它们分成三类：

第一类是简单易行、可能有些效果的方法。常见的有：

◎ 盐水浸泡：对于特定的农药残留，盐在一定程度上可以增强其溶解性，从而起到一定的去除效果。但它的效果很有限，而且可能对蔬果的风味造成影响。

◎碱水浸泡：有一些农药在碱性条件下更容易被分解，所以碱水浸泡可能会有一定的帮助。跟盐水一样，它的效果也有限，可能影响蔬果的风味。

◎淘米水、面粉水清洗：这种方法其实主要是靠颗粒增加与蔬果表面的摩擦来去除农药残留。如果不进行手动清洗，只是依靠浸泡的话，效果也是很有限的。

总体上说，以上方法简单易行，可能浪费精力，但基本上不会产生危害，也不会浪费钱。如果不怕麻烦，试试无妨。但要注意的是，如果盐或者碱的浓度过高，浸泡时间过长，也可能导致蔬果细胞破裂，农药残留反而渗进蔬果的内部。

第二类是商业化的解决方案。市场上常见的有以下几种：

◎蔬果清洗剂：它的作用原理类似于洗衣服，主要依靠表面活性剂的去污能力。一般而言，农药的水溶性都较差，所以才能比较紧密地附着在蔬果表面；而表面活性剂要去污，需要与农药充分接触并进行“乳化”，仅仅靠浸泡是很难发挥作用的。美国康涅狄格州政府曾经进行过一项大型研究，对比了市场上常见的蔬果清洗剂和清水去农药残留的效率，结果是这些清洗剂和清水的效果差不多。因此我个人不太推荐采用这种方式。

◎贝壳粉：贝壳粉是贝壳经过高温煅烧而得的粉末，其化学成分跟石灰是一样的。它对于在碱性条件下不稳定的农药有比较好的效果，不过并不比石灰或者烧碱效果更好。至于其他的卖点，都是营销噱头，所以贝壳粉并不值得买。实在要用这种方式，不如买些食品级的烧碱或者石灰，价格便宜量又足，效果是一样的。

◎超声清洗：这是比较时髦、看起来“高大上”的一种方式。它的原理是超声波在水中产生局部高压，从而清洗掉蔬果表面的脏东西。超声清洗在实验器材中应用很广泛，效果也很好，但是用于农药残留的处理，目前可见的资料并不多，能够找到的资料大多是产品推销广告。我们需要考虑的是，超声波的高压会导致那些比较“娇嫩”的蔬果细胞破裂，从而使得蔬果表面的农药残留向蔬果内部渗透，反而降低清洗的效率。简而言之，我也不推荐这种方式。

◎臭氧处理：臭氧具有强氧化性，能够破坏某些农药的结构，使其发生降解。这在理论上是可行的，实验展示的话，也可以做出赏心悦目的效果。但需要注意的是：第一，农药的种类非常多，能够被臭氧降解的只是其中一部分；第二，臭氧降解农药残留的效率取决于其浓度和作用时间，市场上销售的臭氧机能否达到需要的臭氧浓度很难说——有非官方的调查发现，多数臭氧机都不能达到；第三，臭氧降解农药的产物是否有害，尚缺乏科学数据。除此之外，在降解农药的同时，臭氧对蔬果中的营养成分是否会造成破坏，也缺乏科学数据。综合这些信息，我也不推荐这种方式。

◎复合酶：酶是具有特定功能的蛋白质。特定的酶可以高效地降解特定类型的农药。从理论上说，只要找到能降解各类农药残留的酶，把它们复合在一起使用，就可以“包打天下”，去除各种农药残留。这种思路有许多机构在研究，也有一些产品宣称已经实现了这一目标。不过，目前这类产品还缺乏权威验证，所以我建议保持观望，等待权威机构的验证，不要急着掏腰包。

第三类是明确有效的方法，主要有三种：

◎清洗：这是最直接有效的办法。农药残留附着在蔬果表面，清洗时被机械运动所去除。根据实验测试，只要在自来水下冲洗 30 秒以上，并伴随搓洗，大部分农药残留都会被去除。这对于个头大、表面光滑的水果、蔬菜，比如苹果、梨、李子之类的水果，以及黄瓜、茄子、青椒之类的蔬菜，是最简单易行、效果显著的方法。

◎去皮：即便有些农药能够渗入皮内，也主要分布在表皮内，所以去皮是高效的去除农药残留的手段，比如土豆、萝卜之类的蔬菜，都可以采用这种方法。

◎加热：农药的降解是一个化学反应，化学反应的效率受温度影响很大，所以一般而言，加热会促进农药残留的降解。此外，加热也有利于农药残留溶到水中。所以，多数蔬果都可以放到热水中焯一下，这样可以相当有效地去除可能存在的农药残留，对其营养成分的破坏也比较小。

过期食品能吃吗?

食品保质期是大家非常关注的信息，许多人一听说“过期食品”“临期食品”就吓得不轻，只差当作“毒食”了。

其实，多数人对于“保质期”的认识都略偏颇。了解了有关保质期的常识，你不仅可以放心地购买“临期食品”，甚至可以安全地食用“过期食品”，从而省下不少钱。

“保质”的“质”并不一定指向的是安全

“保质期”是一个通常的说法，类似的还有“货架期”“保存期”“最佳食用期”“最佳赏味期”等。在准确的定义上，它们有一定差异，不过日常生活中，大家一般不做区分，都把它们叫作“保质期”。

每一种食物都有多种属性，比如外观、颜色、口感、味道、安全性等。在食品的保存过程中，这些指标都有可能发生变化，而且一般都是往差的方向变。合格的食品需要每个方面都合格，而不合格的食品，只要有一个指标不合格，就被算作不合格了。所以在实际生产中，哪个指标最快变得不合格，“保质”的“质”就会针对哪个指标。比如牛奶，最可能不合格的是细菌数，所以牛奶的“保质”主要针对细菌不超标；冻肉不会长细菌，但风味口感可能发生变化，“保质”针对的就是其风味口感没有发生太大变化。像冻肉这样的食品，过期了也不影响其安全。

“保质”的“保”是一种承诺

食品的变质是一个连续渐变的过程，而且是食品的各项指标按照不同的速度逐渐变化的过程。“保质期”是厂家的一个承诺——在此期限内，保证食品的风味、口感、安全性等各方面都符合标准；如果不符合，厂家需要负责。而过了保质期，厂家不再担保，并不意味着食品就坏了。这跟买电器是同样的道理——比如电器的保修期是一年，出了问题厂家负责，但并不意味着一年之后它就会坏。当然了，食品是一次性消费品，我们完全可以在保质期内吃掉它，从而避免它过期后“万一变坏了”的风险。

哪些食品过了保质期还能吃?

我们说一种食品“能吃”或者“不能吃”，通常是指它的安全性。一般而言，是指其中的致病细菌是否超标；还有一些是油脂氧化，会否产生一些不好的氧化物。而对于那些“变质”并不是因为安全指标，而是风味口感变化了的食品，如果你对于口感不是那么挑剔，那么这些食品临近过期甚至过了期，也还是可以食用的。这样的食品主要有以下几种：

◎冷冻食品：细菌在冷冻条件下不会生长，所以冷冻食品只要不化冻，就可以无限期保存。但在冷冻过程中，食品的口感和风味会发生变化。冷冻食品的保质期，其实指的是“风味口感没有太明显的变化”的限期。所以，哪怕是过了保质期的冷冻食品，只要你觉得不难吃，就还可以吃。

◎罐头食品：罐头食品是罐装密封之后，经过了超高温、长时间加热的食品。食物中的细菌已经被彻底杀灭，只要不开启，就不会变坏。给罐头食品规定“保质”期，主要目的是让它们加快周转，并没有什么安全方面的原因。有的罐头容器如果保存时间太长，可能会有容器中的某些成分渗入食品中的状况，不过现代的容器都已经很安全了，而所谓的“时间太长”也远远长于保质期。所以，过期的罐头食品完全是可以吃的。

◎低含水量的食品：细菌、真菌和霉菌的生长都需要一定的水分，当水分低到一定程度，它们就不能生长了。这样的食品就可以长期保存，比如饼干、麦片、营养棒等。但是，这些食品在存放过程中可能变硬或者变软，从而使得口感受到影响。这些食品的“保质”主要针对的就是口感，所以，即使过期了，只要你觉得风味、口感还可以接受，就还可以吃。

◎高酸性热灌装的食品：有一些食品或者饮料的酸度很高，pH 值在 4.6 以下，这样的食品、饮料如果经过加热灭菌，趁热灌装，然后立刻封盖，其中的细菌也被充分杀灭了。只要不打开，在常温下也不会变坏。这类食品的“保质”针对的也是风味、口感的变化，过期并不影响其安全性。

◎超高温无菌灌装的饮料：这类食品经过超高温加热，细菌已经被杀光了，在无菌条件下灌装到无菌容器中，就跟罐头食品一样，只要不打开，就不会变坏，过期了其实也还是安全的。典型例子就是常温牛奶。

◎酸奶：酸奶是一种比较特殊的食品，本身就含有大量活性细菌。为了抑制这些细菌的活动，就需要冷藏。在冷藏中，它们依然还有一定的生长能力，这就导致酸奶的外观和风味会发生变化，也就是不好看、不好吃了。但其实酸奶的环境并不适合致病细菌生长，所以即使稍微过期，也还是可以吃的。

过期了就最好不要吃的食品有哪些?

◎冷藏销售的食品：一般来说，超市里放在冷藏条件下销售的食品，“保质”针对的都是（保证尚未有）细菌生长。所以，除了酸奶，这些食品如果过期了，就不宜再吃。

◎常温销售但保质期短的食品：一些常温销售的食物，比如面包、蛋糕等，经过高温烘烤，细菌也已经被杀光。但是，由于它们的含水量比较高，如果在包装和存放中引入了细菌或者霉菌，它们在保存过程中也会生长起来。这类食品可能放在常温货架上销售，但保质期较短，过了保质期就有可能长细菌或者霉菌。为谨慎起见，如果这类食品过期了，也尽量不要吃。

最后，需要强调一下：

不管是哪类食品，只要过了保质期，都是不允许销售的。有许多超市会把临近保质期的食品降价销售。如果是上文所说的那些过期了也可以吃的食品，而你对风味、口感又不是很挑剔，那么这些食品是很经济、实惠的选择。还有那些冷藏销售、临近过期的食材，比如肉类，如果降价销售，也很适合买回去冷冻起来。冷冻之后，风味、口感会有一些下降，但营养和安全还是没有问题的。

Rumor

鸡鸭鱼肉，哪种更健康?

鸡鸭鱼肉，是过去的人们对富足生活的描述。鸡鸭代表禽类，鱼泛指水产品，而肉，通常指的是猪、牛、羊等牲畜。

它们都是很优秀的食材，共同的特征是都富含优质蛋白，但风味、口感、价格相差巨大。从健康的角度来看，哪种更“优越”呢？价格越贵的，会越有利于健康吗？

红肉——补铁与致癌的纠缠

日常生活中说的“肉”，一般是指猪肉、牛肉、羊肉等出自哺乳动物身上的肉。这些肉含有较多肌红蛋白，因此呈现出红色，也被称为“红肉”。相对于禽类和水产品的肉，红肉的脂肪含量通常要高一些，尤其是五花肉和肥肉，脂肪含量更高。

过去几十年的营养学研究显示，过多食用红肉可能会增加患一些疾病的风险，比如心血管疾病、糖尿病和癌症。其原因可能是红肉中的饱和脂肪酸，也可能是血红素在烹饪加工中的一些反应产物。更深入的研究发现，对健康有较大不良影响的主要是“加工肉制品”。所谓的“加工肉”，是指加入了较多盐等添加剂，经过腌制等处理，可以保存较长时间的肉制品，比如火腿肠、香肠、腊肉、咸肉、腌肉等。世界卫生组织的评估结论是：每天吃 50 克的加工肉制品，患大肠癌的风险增加 18%。考虑到一个活到 80 岁的人终生患大肠癌的风险约为 2.4%，增加 18% 之后约为 2.8%，这个风险也不能算是很大。不过，它毕竟“确实”增加了患癌风险，所以“加工肉制品”被世界卫生组织归类为“1 类致癌物”。而新鲜的红肉也被归类为“2A 类致癌物”，意思是虽证据没那么确凿，但可能性还是很大的。

不过，红肉也有营养优势。它们含有丰富的铁、锌和 B 族维生素。锌和 B 族维生素在其他的肉类中也比较丰富，铁则是红肉的“特长”。更重要的是，红肉中的铁不仅含量较多，而且是易于吸收的血红素铁。虽然一些植物性食物中也有一定量的铁，但植物中的是非血红素铁，其吸收率比较低。

铁是人们容易缺乏的营养成分。综合来说，适量摄入新鲜的瘦肉，对于健康的好处还是主要的。在膳食指南中，这个“适量”是跟禽类合在一起算的，建议成人每天的摄入量是 40~75 克，儿童则应相应减少。

禽肉更为健康，但也要注意部位和烹饪方式

在过去，鸡肉是很美味高级的肉类。随着养殖技术的进步，鸡肉变得非常廉价，许多人因此把它当作“劣质”的肉。

食品的营养价值往往跟价格无关。鸡肉变得廉价易得，是因为优质的品种、精心设计的饲料及良好的养殖设施，使得饲料转化为鸡肉的效率远远比猪、牛、羊要高。而养殖行业之所以会花那么多精力去推动养鸡技术的进步，一个重要的原因也是鸡肉的营养价值很高。

需要注意的是，“营养好的鸡肉”是指鸡身上的瘦肉部分，比如鸡胸肉。不过，许多人不喜欢鸡胸肉，觉得“柴”，没滋味，而觉得鸡翅和鸡腿口感好、风味足。其实，鸡腿和鸡翅“好吃”的原因在于这些部位的皮多，脂肪丰富；此外，它们还含有较多肌红蛋白。从脂肪和肌红蛋白的角度看，鸡翅、鸡腿跟猪肉也差不多了。如果是油炸或者烧烤的鸡翅和鸡腿，往往会含有更多的油和盐，也就谈不上健康了。

水产品很好，但要注意污染问题

在食品营养研究中，一般是把“鱼类”扩展为所有“水产品”来看待的。通常而言，水产品的脂肪含量低，蛋白丰富，含有极具市场号召力的DHA（二十二碳六烯酸）和EPA（二十

碳五烯酸）。

对水产品的担心主要在于其污染问题。如果水体存在重金属和有机污染物，就会富集到水产品中。尤其是甲基汞，几乎各种水产品中都含有——不管是国产的还是进口的，淡水的还是深海的，野生的还是养殖的，或多或少都有一些。

从营养角度来说，水产品可以多吃一些；从安全的角度来说，要注意污染物的量。关于这两者的权衡，美国的营养学家推荐每周吃 340 克低汞的水产品，国内营养学家的推荐则是每天摄入 40~75 克水产品。

适合水产品生长的水体环境必然也适合各种细菌和寄生虫生长。这在野生环境中更为明显。在人工养殖下，人们对水体、水质有一定的掌控，还会通过各种消毒措施及使用抗生素等药物的方式来解决问题，相应地，也就会存在“药物残留”的问题。如果严格地按照养殖规范使用药物，那么这些残留对健康的影响也是可以忽略的。不过，现实的养殖是否遵守规范，消费者也无从判断，只能把希望寄托在行业自律和政府监管上了。

风味、价格，基本上与健康无关

不管是鸡鸭还是水产品，或者是猪牛羊肉，不同的产品，价格相差巨大。比如鸡鸭，工业化养殖的价格如白菜，而特定品种的“走地鸡”“放养鸭”，则可能贵上几倍。水产品的差别就更大了，最便宜的养殖鱼类只要几块钱一斤，而最贵的“野生江鲜”能卖到几千块钱一斤。

需要强调的是,价格差异首先来自稀缺程度,其次是风味、口感,这些基本上都与健康无关。在同类肉中,“天价”的与“廉价”的在营养成分上的差别，最多也就是这种成分稍微多一点，那种成分稍微少一点，而这种“多一点”与“少一点”，也未必能与营养健康联系得起来。

肉的“好吃”包括风味和口感。风味来源于风味物质的积累，跟动物的种类、饲料及生长期密切相关；口感则源于肌肉纤维，尤其是其中的胶原蛋白和弹性蛋白的量。不同的动物种类和品种，或者相同种类但不同的生长方式，都可能导致风味和口感有很大的差别。

风味、口感是食物“品质”的重要组成部分。为了更好的风味和口感而付出高价，那是“贵得其所”，无可厚非。但鼓吹什么产地、品种和养殖方式所决定的“营养更好”或“有某某功效”，就是营销忽悠了。

世界卫生组织对反式脂肪酸宣战，但中国人吃油的最大问题不在反式脂肪酸

世界卫生组织曾发布了一个英文简写为“REPLACE”（取代）的行动指南，对反式脂肪酸发出了“最后的宣战”。这份文件指出反式脂肪酸每年导致50万人死亡，号召各国政府实施这一行动指南，在5年内彻底清除食品供应链中的工业反式脂肪酸。

这个50万人的数字让人触目惊心。许多人无法理解，危害这么大的东西，怎么不直接禁止？

反式脂肪酸是怎么来的，又是怎样危害健康的呢？在生活中，我们会不会受到反式脂肪酸的“毒害”呢？下文将一一讲解。

植物油的氢化技术发明于1902年，那个时候，世界各国都还没有建立起食品监管体系。一种新技术或者新产品，人们通常“觉得可以”就生产销售了；消费者觉得“吃着还行”，就买来吃了。那个时代，美国人种大豆主要是为了蛋白，大豆油并不符合他们的饮食习惯。氢化技术把大豆油变得像黄油一样，加上黄油紧缺，也就大受欢迎。就这样，美国人民吃了几十年的氢化大豆油，到20世纪50年代，因为其“悠久的食用历史”，还给了它“普遍认为安全”（GRAS）的认可。

1956年，医学期刊《柳叶刀》（*The Lancet*）上发表了一篇报道，称氢化植物油会导致人体内的胆固醇升高，而编辑评论进一步指出氢化植物油可能导致冠心病。不过，这个说法并没有明确的科学数据支持，也就一直没有引起重视。直到20世纪90年代，反式脂肪酸才引起人们的关注。

食用油的分子结构是甘油分子的“骨架”上连接脂肪酸分子。连接不同的脂肪酸，就构成了不同的油。脂肪酸分子有饱和与不饱和之分。饱和脂肪酸分子中，碳原子上所有能够连接氢原子的位点都已经被占据了；而不饱和脂肪酸中，存在相邻的两个碳原子，各自都还有一个位点没有被氢原子占据，它们相互“搭帮”形成一个“不饱和双键”。不饱和脂肪酸的熔点低，在常温下是液态，比如大多数植物油。在催化剂的帮助下，可以把不饱和双键打开，在相应的两个碳原子上加上氢原子，不饱和键就变成了饱和键。这个过程，就是“氢化”。氢化的程度越高，植物油的饱和程度就越高，油的特性也就越像黄油等动物脂肪。

不饱和脂肪酸有两种“空间构型”，植物油中的天然构型被称为“顺式”。经过氢化，不饱和双键加上氢变成了饱和键，也就不存在构型的问题了。但在工业加工中，并不是所有的不饱和双键都会被氢化，有一部分双键从“顺式”构型变成了“反式”构型，最后又没有被加上氢，就成了“反式脂肪酸”。

因为空间构型的不同，反式脂肪酸在人体内的代谢途径与顺式的不同，这一不同会导致血液中的坏胆固醇增加，好胆固醇降低。1997 年，《新英格兰医学期刊》（*The New England Journal of Medicine*）上发表了哈佛医学院等机构的一项研究，结论是反式脂肪酸的摄入会增加冠心病的发生率。此后，类似的研究越来越多，“反式脂肪酸危害心血管健康”有了充分的证据。此外，还有许多研究探索反式脂肪酸对其他疾病的影响，不过，迄今并没有很令人信服的证据。

心血管疾病是人类健康的大敌，反式脂肪酸又是“工业加工”的产物，所以世界各国纷纷开始对反式脂肪酸的使用进行限制。

反式脂肪酸在国外成为一个巨大的健康问题，是因为它有着近百年的使用历史，在各种食品中广泛使用。如果直接停用，食品行业一时无法找到适当的替代品，食品供应链将难以维持，所以只能逐步推进。比如美国 1999 年开始要求标准含量，美国人的反式脂肪酸摄入量有了明显下降，但下降之后也依然不低；到 2013 年，美国食品药品监督管理局进一步取消了部分氢化植物油的 GRAS 资格，要预先批准才能使用，几乎相当于“禁用”

了。而经过中间这十几年的发展，食品行业也找到了许多代替氢化植物油的方案，从而使得“清除”成为可能。

中国的情形则有所不同。氢化植物油主要用于加工食品，而加工食品在中国的发展历史并不长。可以说，氢化植物油在中国还没有广泛进入人们的生活，就已经警报声四起，逐渐走入末路。

其实，绝大多数中国人的反式脂肪酸摄入量都不足为虑。世界卫生组织制定的限制标准是“每天来自反式脂肪酸的供能比不超过 1%”。供能比是指某种食物提供的热量占人体摄入的总热量的比值，1% 的供能比大约相当于 2.2 克反式脂肪酸。根据《中国居民反式脂肪酸膳食摄入水平及其风险评估》的结果，即便是在北上广这些现代大都市，反式脂肪酸的平均占能比也只有 0.26%，其他中小城市和农村地区就更低了。当然，这只是一个平均值，人群中可能会有一部分人对这个“平均”做了更大的“贡献”，也就需要引起警惕。比如说，那些经常食用威化饼干、奶油面包、派、夹心饼干、植脂末奶茶的人，就有可能摄入更多反式脂肪酸。

在中国，国家标准要求原料中有氢化植物油的预包装食品必须标注反式脂肪酸含量。由于这条标准的实施，加上消费者对反式脂肪酸的反感，现在的中国市场上已经很难见到含有反式脂肪酸的食品。即便有些食品要用到“氢化油”作为原料，也通过改进氢化工艺或者控制使用量，使得它们满足每 100 克食品中反式脂肪酸含量小于 0.3 克的标注阈值，从而可以标注为“0”。如果只是偶尔吃一些这样的食品，反式脂肪酸对健康的影响可以算微乎其微了。

相对于反式脂肪酸对健康的影响，中国消费者更应该关注油的总食用量及饱和脂肪酸的摄入量。食用油摄入过多意味着热量摄入过多，饱和脂肪酸摄入过多也同样不利于心血管健康。而且，高脂肪食物往往伴随着高盐或者高糖，而“高油、高盐、高糖”才是当今中国居民饮食中最大的三个风险因素。

尊重科学的美国，为什么会出现咖啡致癌警告这样的“荒唐判决”？

从前常说“惊人新闻等三天”，随着自媒体的发达，现在根本用不着三天的时间来“反转”了。某天，“加利福尼亚州判决咖啡必须标注致癌警告”这一新闻刷了屏；从第二天晚上到第三天，辟谣文章又刷了屏。

关于这一事件本身，各种科普已经很多，这里就不再重复。总结起来，核心内容就两句话：

第一，丙烯酰胺对动物致癌有明确的证据，但在食品中的含量能否致癌，并没有科学证据；

第二，即便是丙烯酰胺致癌，它在咖啡中的含量也很低，大大低于许多其他的常见食物。

在科学界看来，加州的这一判决并不合理，甚至有点荒唐。有意思的是这样一个问题：都说美国很尊重科学，为什么法院会做出这种科学界看来很“荒唐”的判决呢？

事情得从美国的立法权说起。

美国各州都有立法权。1986 年，加利福尼亚州全民投票，以 63% 对 37% 的优势通过了一个提案，这一提案被称为“65 号法案”。这个法案的名称是《饮用水安全与毒性物质强制执行法》。它制定了一个“已知的致癌与生殖毒性物质”列表，目前包括大约 900 种物质。其中的物质，如果在某种途径下接触 70 年，会导致十万分之一的致癌、致畸及其他生殖伤害，那么就需要进行明确的警告标注。如果有企业没有做到，那么州内的个人、团体与律师都可以代表全州人民进行起诉；如果被告被判违规，那么需要支付可能高达每天 2500 美元的赔偿。

这一法律的立法初衷是为了保护人民的知情权。标注警告并非禁止，而是保障人民的知情权和选择权。比如这次咖啡事件，告知消费者咖啡中的丙烯酰胺“有可能致癌”，让人民在“享用咖啡”和“避免癌症风险”之间自主选择。

这一初衷自然得到了广大公众的支持，63% 对 37% 的投票结果在美国的公民投票中也算是大胜了。

不过，这一法律实施起来并不容易。“连续摄入 70 年会导致十万分之一的致癌、致畸及其他生殖伤害”是一个科学判断，在科学传播中可以用“证据等级”来表示对它的肯定程度，但法律上的判决必须基于“是”与“否”的二元判断。法官并非专业人士，当科学机构也没有对此做出明确结论的时候，法官就只能根据原被告的陈述来“自由裁量”。

这就使得这种案件可能判得旷日持久。比如咖啡中的丙烯酰胺这件事，从起诉到判决历经 8 年，而且判决之后非议不断。

并不是第一次出现这样的情况。几年前，由于可乐中含 4-甲基咪唑，可乐公司也被判必须进行“致癌警告标注”，不仅可乐公司反对，连美国食品药品监督管理局的发言人都不赞同。

不过法律毕竟是法律。被判决需要标注，食品公司就必须采取行动——要么进行标注，要么采取行动去除该物质。比如 4-甲基咪唑，可乐公司就采取措施把销往加州的可乐中的含量降到法院要求的“标注阈值”之内。这也是这条法律的目的所在：通过要求标注警告，促使食品公司降低食品中有害物质的含量。很多人支持加州法院关于咖啡的判决，并非认为它真的致癌，而是认为这可以促使食品公司降低产品中的丙烯酰胺含量。

不过丙烯酰胺的情形跟 4-甲基咪唑颇有不同。4-甲基咪唑是焦糖色素合成时的副产物，通过改进工艺能够降低；而咖啡中的丙烯酰胺是咖啡豆在烘焙时形成的，烘焙是形成咖啡香味的关键。如果改变烘焙工艺来减少丙烯酰胺的形成，可能需要付出损失咖啡香味的代价。

实际上，食物中丙烯酰胺含量最高的是薯条、薯片之类的食品，10 克这类食品中的丙烯酰胺往往就比一杯咖啡中的多。在这个案子之前，加州已经要求食品公司对薯条、薯片这类食品进行“致癌警告”标注了。

除了咖啡，还有很多食品含有丙烯酰胺；除了丙烯酰胺，还有约900种物质在“65号法案”的名单上；除了食品，还有很多其他的情况也可能涉及“65号法案”中的致癌物。只要有人或者机构起诉，经营者就会陷入官司，所以，很多机构为了避免麻烦，即便自己不清楚是否真的有致癌物存在，也直接标注上“致癌警告”。毕竟，“65号法案”并没有说“乱贴违法”，而对企业来说，这相当于做了一个“免责声明”。

于是这种“致癌警告”大量出现，比如加油站、便利店、五金商店、药店、医疗机构等，甚至银行、宾馆、饭店、车库、小区，也因为日常用品或者附近环境中可能含有需要警告标注的物质而纷纷贴出“致癌警告”。

当一种警告变得到处都是时，也就失去了“警告”的价值。就像“狼来了”的故事，当人们的周围充满了这种“致癌警告”的时候，消费者也就不会再去关注它。在判决公布的当天，星巴克的股票在一个小时内下跌了1%左右，但在当天下午就恢复了正常，或许就是这种情绪的反映。

图书在版编目（CIP）数据

击破！舌尖上的谣言 / 云无心著 .— 杭州：浙江大学出版社，2019.10
ISBN 978-7-308-19396-2

Ⅰ .①击… Ⅱ .①云… Ⅲ .①食品安全—基本知识 Ⅳ .①TS201.6

中国版本图书馆 CIP 数据核字（2019）第 155678 号

击破！舌尖上的谣言
云无心　著

策划编辑　张　婷
责任编辑　张一弛
责任校对　杨利军
出版发行　浙江大学出版社
（杭州市天目山路 148 号　邮政编码 310007）
（网址：http://www.zjupress.com）
排　　版　杭州中大图文设计有限公司
印　　刷　浙江印刷集团有限公司
开　　本　880mm×1230mm　1/32
印　　张　7.375
字　　数　118 千
版 印 次　2019 年 10 月第 1 版　2019 年 10 月第 1 次印刷
书　　号　ISBN　978-7-308-19396-2
定　　价　49.00 元

浙江大学出版社市场运营中心联系方式（0571）88925591;http://zjdxcbs.tmall.com